버킷 리스트
넘버 원!

Bucket list Number one

세계일주

버킷 리스트 넘버 원!

세계일주

초판 1쇄 찍음 2013년 8월 5일
초판 1쇄 펴냄 2013년 8월 15일

지은이   박유찬
펴낸이   유정식
책임편집   방세근
표지·본문디자인 이승현

펴낸곳   나무자전거
출판등록   2009년 8월 4일 제 25100-2009-000024호
주소   서울 노원구 상계3·4동 60-1번지 성림 101-406호
전화   02-6326-8574
팩스   02-6499-2499
전자우편   namucycle@gmail.com

© 박유찬 2013

ISBN   978-89-98417-03-1(13980)
정가   15,000원

이 도서의 국립중앙도서관 출판시도서목록(CIP)은 서지정보유통지원시스템 홈페이지(http://seoji.nl.go.kr)
와 국가자료공동목록시스템(http://www.nl.go.kr/kolisnet)에서 이용하실 수 있습니다.
(CIP제어번호: CIP2013013525)

버킷 리스트 넘버 원!

Bucket list Number one

세계일주

박유찬 지음

나무자전거

"겁이 난다는 것은 간절하지 않기 때문이다."

'…우리 비행기는 이제 곧 인천국제공항에 도착할 예정입니다.'

오랜 시간이었다. 1년 전 그날, 바로 여기에서 출발해 다시 도착하기까지 참으로 먼 길을 돌아왔다. 인천공항까지는 비행기로 열 시간이 더 걸렸지만 탑승하면서부터 차오르던 감정에 잠을 이룰 수가없었다. 얇게 뜬 눈 사이로 고국의 영토가 보였다. 1년 전 나는 이곳에서 대만을 경유하는 태국행 비행기에 몸을 실었었다. 출국심사를 받고 게이트 앞에서 비행기를 기다리는 순간까지도 갈등하던 때가 떠올랐다.

입가에 미소가 지어졌다. 해냈다는 결과보다 그 첫발을 내딛어 머나먼 길을 돌아왔다는 게, 그리고 내가 진짜로 해냈다는 게 자랑스러웠고 꿈만 같았다. 지금 이렇게 그날을 회상하며 나와 같은 꿈을 꾸는 이들을 위해 이 책을 쓰고 있다. 여행을 다녀오기 전 나는 평범한 직장인이었고, 같은 또래 친구들에 비해 월급도 크게 부족하지 않았으며, 앞으로의 삶에 대해서도 풍요롭진 않더라도 부족하지 않을 만큼 삶을 꿈꿀 수 있는 생활이었다. 그러나 한 번의 계기였다. 함께 일하던 선배의 절대 잊혀지지 않을 만큼 강렬했던 그 한마디가 내 인생을 송두리째 바꾸어 버렸다.

"넌 무얼 하고 싶냐?"

난 내가 무엇을 하고 싶은지 모르고 있었다. 생각해보니 난 내 인생을 살았지만, 남들과 똑같이, 남들이 사는 것처럼 그냥 그렇게 살고 있었다. 알고 싶었다. 내가 무엇을 하고 싶은지. 내가 무엇을 잘하는지. 내 인생의 꿈이 무엇인지. 그래서 결심했다.

세.계.여.행.

1년간 나만 생각하고, 내가 하고 싶은 것만 하고, 내가 먹고 싶은 것만 먹고, 내가 자고 싶을 때 자고, 일어나고 싶을 때 일어나보자. 그렇게 1년간의 프로젝트를 위한 1년간의 준비가 시작되었다. '생각대로 살지 않으면, 사는 대로 생각하게 된다.'라는 구절을 되뇌며

'내 나이 26살. 1년간 준비하면 27살, 돌아오면 28살. 그래, 그때라도 내가 무엇을 하고 싶은지 알게 된다면 늦은 나이가 아니다. 난 나의 길을 찾아가자. 그래도 30살 전이다. 내 인생에 가장 빛나는 황금기가 될 거야.'
결심을 하니 준비는 착착 진행되었다. 그렇게 1년을 준비하고 회사에 사표를 냈다.

"모두가 미래에 대해서 걱정해주는 한편 무척이나 부러워했다. 나의 꿈을 단지 꿈이 아닌 현실로 만드는 길에 용기를 내어 첫발을 내딛었다."

2013년 7월 지루한 장마 속에서
박유찬

찬이의 세계일주 루트

인천국제공항 ➡ 타이완(타이베이) ➡ 태국(방콕, 치앙마이, 빠이, 치앙콩) ➡ 라오스(루앙
프라방, 방비엥, 비엔티안) ➡ 베트남(훼, 호이안, 냐짱, 달랏, 호치민) ➡ 캄보디아(씨엠립,
프놈펜, 시하눅빌) ➡ 태국(방콕) ➡ 인도(캘커타) ➡ 네팔(안나푸르나, 카트만두) ➡ 인
도(바라나시, 아그라, 델리, 다람살라, 캘커타) ➡ 태국(방콕, 푸켓) ➡ 말레이시아(쿠알라
룸푸르) ➡ 오스트레일리아(브리즈번, 시드니) ➡ 미국(LA, 라스베이거스, 그랜드캐니언,

헬싱키

인천

다람살라
델리
아그라
바라나시
포카리(안나프르나)
카트만두
콜카타
치앙마이
치앙콩
루앙프라방
방비엥
훼
씨엠립
방콕
나짱
달랏
푸켓
호치민
프놈펜
쿠알라룸푸르
시하눅빌

브리즈번
시드니

뉴욕, 워싱턴, 마이애미) ⋯ 멕시코(칸쿤, 툴룸, 산크리스토발, 와하까, 멕시코시티, 뿌에
불라) ⋯ 미국(마이애미) ⋯ 콜롬비아(보고타, 산아구스틴) ⋯ 에콰도르(키토) ⋯ 페루(리
마, 쿠스코, 푸노) ⋯ 볼리비아(라파즈, 우유니사막, 포토시, 수크레, 산타크루즈) ⋯ 파라
과이(아순시온) ⋯ 아르헨티나(이구아스폭포) ⋯ 브라질(상파울루) ⋯ 독일(프랑크푸르트)
⋯ 체코(프라하) ⋯ 핀란드(헬싱키) → 인천국제공항

Contents

Contents

미국

시코

브라질

페루

볼리비아

아르헨티나

Machupicchu

Section 01

천천히, 그리고
빠짐없이 1년간 준비하기

여행을 가려고 마음을 먹었지만 막상 어떤 것부터 준비해야 할지 막막 했다. 그래서 제일 먼저 결정한 것이 출발 날짜였다. 여러 가지 여건을 고려해서 떠날 날짜를 1년 뒤로 정하고 나니 무엇을 준비해야 하는지 하나씩 머릿속에서 정리되기 시작했다. 휴식과 즐거움뿐만 아니라 나를 찾기 위해 떠나는 여행이기 때문에 1년이란 시간이 길지만은 않다고 생각했다.

1년 뒤의 항공권 스케줄은 지금 나와 있지도 않았거니와 어떤 루트로 갈 것이지도 정하지 않았기 때문에 항공권 구입보다 중요한건 루트를 구상하는 것이라고 생각했다. 최대한 비행기를 적게

이용하고 현실적으로 가능한 루트인지, 비자가 필요한지, 국가 상황은 어떠한지 등 여러 가지 변수들을 고려해야 했다.

컴퓨터, 가방, 신발, 옷, 자물쇠 등으로 1차 분류를 하고, 좀 더 구체적으로 분류하였다.

'무게, 배터리, 성능 등을 고려하면 넷북을 사자. 근데 넷북에도 종류가……'

'가방은 앞뒤로 메고, 무게와 크기, 색상을 고려해서……'

'신발은 등산화가 필요할 테지만, 평소에도 신으려면 경등산화가 좋고, 고어텍스까지……'

'옷은 가볍고 잘 마르며, 기능성 제품으로……'

'자물쇠는 작고 튼튼하며 열쇠를 잃어버릴 걸 대비해 비밀번호를 번호로 설정하되……'

'옷은 속옷, 상의, 하의를 구분하여 넣을 수 있게 분류 팩을 사고……'

　　항공권의 종류나 가격 등 좀 더 현실적이고 구체적인 루트를 고민하는데 3~4달 정도 걸렸다. 틈틈이 필요한 물품을 구체적으로 고민하면서 하나하나 신중하게 구입하였다. 물품은 돈을 모은 다음에 한 번에 사지 않고, 1년 동안 여러 차례 나눠서 구입했다.

　　여행 경비를 모으기 위해 매달 백만 원씩 적금을 들고, 물품을 쪼개서 구입하느라 생활이 무척이나 빠듯했지만, 목표가 있기 때문에 즐겁고 행복했다. 남미 여행을 위해 6개월 동안 스페인어 학원을 다녔고, 좀 더 원활한 의사소통을 위해 짬짬이 영어도 공부하였다. 또한 여행에 필요한 각 국가별 정보(여행지, 숙박시설, 주의사항 등)도 수집하였다.

무엇보다 중요한 것은 주변 사람들을 이해시키는 것이었다. 부모님에게 잘 다니던 직장을 하루 아침에 그만두고 여행을 가겠다고 했을 때, "어이쿠! 그래 잘 다녀와라."라고 바로 이해해주시는 부모님이 얼마나 있을까? 나 역시 쉽지 않았고, 오랜 시간 부모님을 설득해야만 했다. 결국 부모님은 이해해주셨고, 여행을 다니는 동안에도, 그리고 돌아와서 내 길을 걷는 지금도 변함없이 묵묵하게 응원해주신다.

세계여행은 하나부터 열까지 진지하게 고민할 수밖에

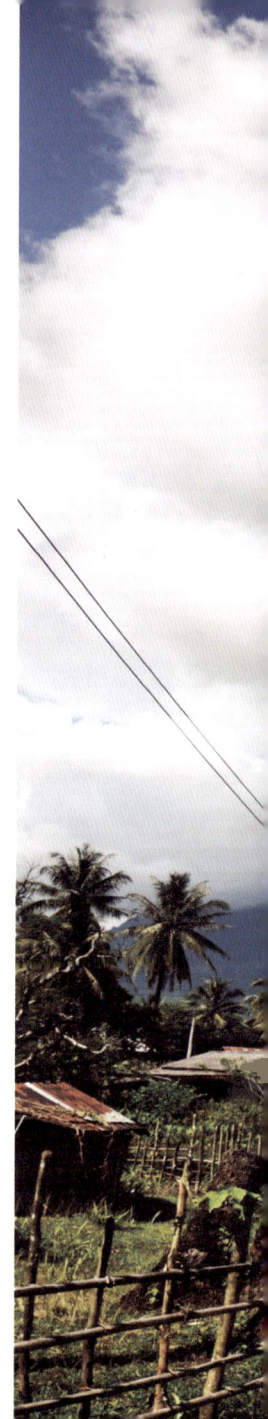

없다. 하지만 그 모든 고민 과정을 통해 잘 만들어진 계획은 실제 여행을 풍요롭게 만들어 준다는 것을 꼭 기억했으면 한다.

Section 02

여행 루트 고민하기

"여행의 재미가 준비할 때 한 번, 여행하면서 두 번, 다녀와서 정리하면서 세 번이래. 지금쯤 그 첫 번째 재미에 홀라당 빠져있을 찬이에게."

루트를 계획하다가 난관에 부딪혀 힘들어할 때마다, 이 과정은 즐거운 일이라고 되새길 수 있도록 도움을 준 친구의 메시지이다. 여행 준비를 하는 내내 그리고 여행을 하면서 최종 목적지에 도착하는 전 날까지 고민하는 것이 바로 '루트'가 아닐까 생각한다. 이렇듯 루트는 1년 이상을 계획해도 실제 여행에서 변수가 생기기 마련이다. 즉 기본적인 여행길의 기본 틀을 잡고 항상 변동의 가능성을 열어두어야 한다.

세계일주를 해야겠다고 마음먹었을 때 일단 '전 대륙을 다 가보기'라는 목표를 세웠다. 그럼, 어떻게 돌아야 전 대륙을 다 돌 수 있을까? 지구에는 5

대양 6대주가 있다. 그럼 일단 6개 대륙을 전부 가는 것이 목표니 순서만 정하면 된다.

아시아 → 오세아니아 → 북미 → 남미 → 아프리카 → 유럽

하지만 이것만으로는 여행을 떠날 수가 없다. 넓고 넓은 각 대륙에서 어떻게 이동할지에 대한 것은 하나도 없기 때문이다. 그래서 보고 싶고, 하고 싶고, 느끼고 싶은 모든 것들을 각 대륙별로 나열하기 시작했다.

1. 아시아 - 태국 바다에서 느긋하게 놀기, 라오스 방비엥에서 메콩강을 따라 튜빙하기, 베트남 종단하기, 캄보디아 프놈펜 가기, 인도 여행, 네팔 히말라야 올라가기, 스리랑카 들어가기 등.

2. 오세아니아 - 울루루(에어즈락) 가기, 코알라, 캥거루 보기, 뉴질랜드에서 번지 점프하기 등.

3. 북미 - 할리우드, 라스베이거스에서 게임하기, 그랜드캐니언 보기, 뉴욕 여행, 마이애미 이모네 놀러가기 등.

4. 남미 - 마추픽추는 반드시, 티티카카 호수, 우유니사막, 이구아수 폭포 보기, 아마존 탐험하기 등.

5. 아프리카 - 이집트 여행, 지프투어, 사막에서 잠자기, 사파리, 킬리만자로 오르기 등.

6. 유럽 - 유럽 자전거 횡단 여행, 동유럽과 미녀들의 천국 발틱 3국, 환상의 자연숲 북유럽, 유럽과 아시아의 징검다리 터키, 신비한 중동의 나라들 등.

이렇게 쭉 나열한 다음 가고 싶은 국가들을 다시 정리했다.

1. 아시아 - 태국, 라오스, 베트남, 캄보디아, 인도, 네팔, 스리랑카

2. 오세아니아 - 호주, 뉴질랜드

3. 북미 - LA, 라스베이거스, 뉴욕, 마이애미

4. 남미 - 페루, 볼리비아, 아르헨티나, 브라질

5. 아프리카 - 이집트, 남아공부터 시작되는 지푸투어, 케냐, 탄자니아

6. 유럽 - 스페인, 프랑스, 독일, 이탈리아, 체코, 오스트리아, 에스토니아, 라트비아, 리투아니아, 핀란드, 스웨덴, 노르웨이, 터키, 시리아, 이스라엘, 예멘

이 국가들을 토대로 지도를 보면서 가장 효율적인 루트를 만들어야 한다. 효율적인 루트란 이동 동선을 말한다. 지도를 보면 안 겠지만 태국, 라오스, 베트남, 캄보디아는 둥글게 원이 그려지는 루트이다. 동남아에서 원을 그려 루트를 그렸다면 인도와 네팔도 가야 하니, 태국을 중심으로 다시 인도 쪽으로 둥글게 원이 그려진다. 그 다음엔 미주 대륙 종단에 이어 아프리카로 건너가고 유럽으로 이동한다. 이런 식으로 대륙별로 이동하면서 국가별 루트까지 연결이 되었다.

사실 다녀온 사람이야 이미 한 번 해본 것이고, 지금 이것도 나의 경험에 비추어 쓰는 것이라 그리 어렵지 않지만, 이만큼의 루트를 만드는 것이 처음 가는 이들에게는 실제로 얼마나 어려운 일인지 잘 알고 있다. 나 역시 한 대륙에서 루트를 정하는 것이 진행이 안 되어서 일주일 이상 고민해본 적도 있고, 어떤 때는 한 달 내내 고민하면서 수정했다. 하지만 더 많은 정보를 필요로 하는 루트는 이제부터 시작이다.

이제 가고 싶은 곳이 있는 도시들을 파악해서 도시별 루트를 그려야 한다. 예를 들면, 태국에서 라오스를 가기 위해서는 두 가지 방법이 있는데, 한 가지 방법은 방콕에서 라오스의 수도인 비엔티안으로 바로 가는 방법과 태국 북부를 돌아서 치앙콩이라는 국경 마을에서 슬로우 보트를 타고 이틀간 흘러내려가서 루앙프라방에 들어가는 방법이다. 남에서 북으로 가느냐 북에서 남으로 가느냐의 문제가 된다. 하지만 여기서 고려할 사항이 있었다. 그것은 치앙마이는 꼭 가고 싶었다.

그럼 어떤 루트가 가장 좋은 것인가에 대한 질문의 대답은 간단하다. 북부를 통해 돌아가는 방법이다. 왜냐고? 치앙마이는 태국 북부에 있으며, 라오스로 들어가서 베

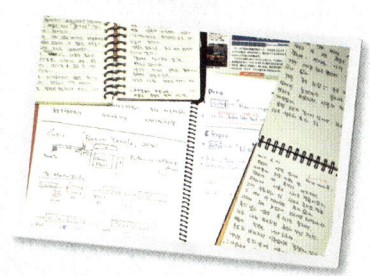

트남으로 나가는 루트를 그리기에는 가장 이상적이라고 나름 고민을 했었으니 말이다. 이런 식으로 나라 안에서 도시별 루트를 계산하다 보면 '나만의 루트'가 완성된다.

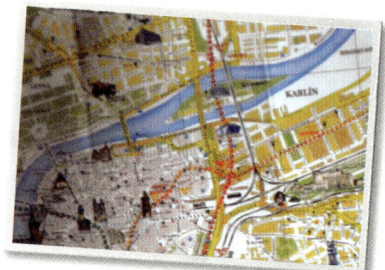

찬이의 세계일주 루트

한국 ▶ 태국(방콕, 치앙마이, 빠이, 치앙콩) ▶ 라오스(루앙프라방, 방비엥, 비엔티안) ▶ 베트남(훼, 호이안, 나짱, 달랏, 호치민) ▶ 캄보디아(프놈펜, 시하눅빌) ▶ 태국(방콕에서 휴식) ▶ 인도(캘커타) ▶ 네팔(카트만두, 포카라) ▶ 인도(바라나시, 아그라, 델리, 디마실티(맥그로드 간즈)) ▶ 태국(방콕, 푸켓) ▶ 말레이시아 ▶ 호주 ▶ 미국(LA, 라스베이거스, 뉴욕, 워싱턴, 마이애미) ▶ 멕시코(칸쿤, 툴룸, 산크리스토발, 와하까, 멕시코시티, 뿌에불라) ▶ 콜롬비아(보고타, 산어구스틴) ▶ 에콰도르(키토) ▶ 페루(리마, 쿠스코, 푸노) ▶ 볼리비아(라파즈, 우유니, 포토시, 수크레, 산타크루즈) ▶ 아르헨티나 & 브라질(이구아수폭포) ▶ 독일(프랑크푸르트) ▶ 체코(프라하) ▶ 한국

여행 예상 경비와 실제 경비는
얼마나 차이가 날까?

여행을 떠나기 전에 내가 가장 궁금했고, 여행을 다녀와서 주변 사람들이 가장 많이 물어보는 것이 바로 경비였다. 그래서 이번 기회를 통해 나의 경험을 기준으로 소개하고자 한다.

먼저 여행의 콘셉트가 무엇인지 고민해야 한다. 그 콘셉트에 따라 경비가 크게 차이가 난다. 문화생활과 관련된 것을 중심으로 한 것인지, 아니면 다양한 경험(스카이다이빙, 번지점프, 나스카 경비행기 투어 등)을 중심으로 할 것인지, 아니면 자연경관과 사람을 중심으로 할 것인지 등 여러 가지 콘셉트를 정해야 거기에 맞게 여행 경비를 예상할 수 있다. 문화생활을 중심으로 한다면, 박물관이나 공연 등에 많은 비용을 투자하게 될 것이고, 다양한 경험이라면 각종 투어 비용을 예상해야 하며, 자연경관이라면 아무래도 많이 돌아다닐 테니 이동 비용을 예상해야 한다.

나의 경우는 세상의 절경과 다양한 사람들을 만나는 것이 목표였다. 그래서 각종 투어나 공연 관람
은 거의 전무했고, 대부분 경치와 사
람을 만나는데 시간을 투자했다. 보
통 이런 콘셉트는 루트를 구상할 때
이미 어느 정도 반영된다.

　그 다음으로는 항공권이다. 많은 사람들이 고민하는 것은 세
계일주 항공권을 이용하느냐 아니면 개별 이동을 하느냐이다. 나
는 시간적 제약을 받는 것이 싫어서 개별 항공권을 끊어서 다녔다.
다녀와서 계산해보니 항공권으로만 지출된 돈이 약 350여만 원이
었다.

　항공권을 제외한 나머지 금액, 먹고 자고 이동하는 문제가 남
는다. 이는 '오불생활자(다음 카페)'에서 얻은 정보로 대륙별 예상
금액을 계산해서 예산을 짜 보았으며, 최신 여행정보를 전 국가를
상대로 모은다는 것은 실질적으로 불가능하기 때문에 예상 금액
에서 20% 정도를 더 여유 있게 잡았다. 여행을 마치고 돌아와서
당분간 생활할 돈도 어느 정도는 있어야 한다고 생각했기 때문에,
그 돈은 다른 통장에 두고 여행하는 내내 없는 돈이라고 생각했다.
예를 들어, 동남아시아에서의 숙소 비용은 보통 평균 4~5불 정
도를 예상했고, 실제로도 늘 이 정도 금액을 기준으로 숙소를 잡
으려 노력했다. 식사는 숙박비보다 더 저렴하기 때문에 하루에 약
3~4불을 기준으로 잡았다. 이런 식으로 각 대륙마다 정보를 찾아

계산하면, 동남아시아는 일일 평균 10불, 호주는 일일 평균 35불, 북미 30불, 남미는 20불 정도로 예상되었다. 이를 바탕으로 머무는 기간을 곱하여 계산하면 다음과 같다.

동남아시아 (80일 X 10$ = 800$) + 호주 (180일 X 35$ = 6,300$)
+ 북미 (20일 X 30$ = 600$) + 남미 (80일 X 20$ = 1,600$)
= 총 비용 9,300$

＊ 이것은 나의 콘셉트와 나의 일정에 맞는 금액이었다.

이 체류 비용에 항공권은 약 4,000불 정도로 예상하였고, 중간에 액티비티 약 1,500불 정도로 계산하니, 경비 총 예상 금액은 14,800불(한화 약 1,657만 원, 2009년 당시)로 계산되었고, 이 금액에서 좀 더 여유 있게 약 20% 정도의 금액을 더해서 계산하여 나온 총 예상 금액은 한화로 약 2,000만 원이었다.

사실, 이 돈은 출발 예상 날까지 모을 자신이 없었고 실제로도 모으지 못했다. 대학을 갓 졸업하고 시작한 직장생활이라 월급으로 학자금 대출 빚도 갚고, 매달 꾸준히 빠지는 여행용 적금, 보험료, 핸드폰 사용료, 기부금 등을 내고 나면 나머지 금액으로 혼자서 한 달 생활하기도 빠듯하다. 허리띠를 더 졸라서 모을 순 없다고 생각했다.

결국 한국에서 출발할 때 가진 돈은 약 1,300만 원이었다(출발 항공권 및 모든 준비물을 구입하고 난 최종 금액). 하지만 호주에서 워킹홀리데이를 통해 돈을 모을 생각이었고, 돌아다니다 돈이 떨어지면 가난하게 움직이면 된다고 생각했다. 한 번 가야겠다고 마음먹은 이상 여행 경비가 좀 부족하다는 것은 크게 걸림돌이 되지 않았고 사실 그랬다.

그럼 1,300만 원의 비용으로 여행 경비가 충분했는지 궁금하다면, 일단 대답은 '턱도 없다.'이다. 환율도 환율이지만 생각했던 것보다 더 초라한 곳에서 숙식을 해결해야 하고, 액티비티는 거의 꿈도 꾸지 못했다. 그렇다고 나의 여행 추억까지 충분하지 않았던 것은 아니다. 왜냐하면 좀 더 저렴한 곳에서 현지인들을 깊숙이 만날 수 있었고, 좀 더 넓게 세상을 바라볼 수 있었다.

개별 항공권과
세계일주 항공권

세계일주를 계획하는 모든 이들이 가장 고민하는 것 중 하나가 항공권의 종류라 생각한다. 이미 세계일주 항공권에 대해서는 너무나 많은 정보가 나와 있다. 항공권의 종류부터 장단점 및 활용 방법 그리고 가격까지. 자세한 설명은 생략하고, 나의 경험에 비추어 개별 항공권과 세계일주 항공권에 대해 비교해보겠다.

쉽게 설명히지면, 이느 항공사넌 선 세계에 노선을 전부 취항할 수는 없다. 일단 항공기를 보유하고 각 지점을 개설하는 비용부터 지점별 영업 이익 등을 고려할 때 불가능할 수밖에 없다. 때문에 각 항공사는 동맹체를 맺어 자사가 가지 못하는 곳도 동맹체를 맺은 다른 항공사와 연결시킬 수 있도록 하고 있다.

세계일주 항공권의 종류
1. 스타 얼라이언스(Star Alliance)
2. 스카이팀(Skyteam)
3. 원월드(Oneworld)

예를 들면, 한국에서 에콰도르를 가려면 수지가 맞지 않아 대한민국의 국적기는 취항할 수 없기 때문에 대한항공이나 아시아나항공은 중남미 지역을 중심으로 활동하는 대표 항공사와 동맹을 맺어 에콰도르까지 노선을 연결시킨다. 이 동맹체를 이용하면 대한항공이나 아시아나항공의 직항노선이 없는 곳도 연결하여 갈 수 있다. 이처럼 각 동맹체를 통해 세계일주가 가능하기 때문에 이 동맹체들은 각각 세계일주 항공권을 만들어 판매하고 있다. 각각의 장단점이 있지만, 특징을 간단하게 살펴보면 다음과 같다.

1. 스타 얼라이언스 – 아시아나항공이 속해 있는 이 동맹체는 주로 아시아와 유럽에 취항하는 항공사가 많은 만큼 이 지역을 주로 여행하는 여행자에게는 좋다.

2. 스카이팀 – 대한항공이 속해 있는 이 동맹체는 대한항공이 취항하는 몽골이나 러시아, 에어프랑스가 취항하는 서아프리카, 멕시코나항공이 취항하는 중미지역 등을 여행하는 여행자에게 좋다.

3. 원월드 – 마일리지가 아닌 횟수로 비행 여정을 제한하는 원월드는 이스터섬이나 남미지역 및 오세아니아를 중심으로 여행하는 여행자들에게 좋다.

*스타 얼라이언스나 스카이팀은 마일리지를 운영하여 그 마일리지 안에서 여정을 계획할 수 있으며, 원월드 항공권 이용자의 경우 횟수(16회)로 여정을 계산한다.

세계일주 항공권은 여정 대비 저렴한 가격이 큰 장점으로 많은 세계 여행자들의 눈길을 끌지만, 까다로운 규정과 일정이 자유롭지 않은 것이 단점이다. 나의 경우는 항공권을 선택함에 있어 가장 큰 고려사항은 일정의 자유로움이었다. 그래서 세계일주 항공권을 통해 1년 동안 더 많은 곳을 볼 수 있었음에도 불구하고 개별 항공권을 선택했다. 반면 일정이 자유로웠기 때문에 머물고 싶은 곳에서 더 머물고, 떠나고 싶을 때 떠날 수 있었지만 매번 가장 저렴한 항공권을 찾아야 한다는 현실이 때론 어렵게 느껴졌다.

일단 항공권을 한 번 찾을 때면, 보통 일주일 이상 걸리곤 했다. 전 세계 관련 웹사이트는 거의 다 방문해봤다고 할 정도로, 많은 손품을 팔아야 했고, 또 중간에 예약이 제대로 되지 않을 때도 있어 공항에서 발을 동동 굴려야 했던 적도 있었다. 나의 경우 다음과 같은 여정에서 항공권을 구입하였다.

1. 한국 → 태국
2. 태국 → 인도(왕복)
3. 말레이시아 → 호주
4. 호주 → 미국(LA)
5. 미국 내(LA → 라스베이거스

→ 뉴욕 → 마이애미)
6. 미국(마이애미) → 멕시코
7. 멕시코 → 콜롬비아
8. 브라질 → 독일
9. 독일 → 한국

　각 여정은 태국에서 인도 구간을 제이차고는 전부 적어도 한
달 전에 예약하였으며, 편도로 끊었다. 왕복이 편도보다 싼 경우가
많다고 알고 있었는데, 실제로는 왕복보다는 항상 편도가 싼 가격
에 나왔다. 물론 왕복행 항공권이 필요한 경우도 있었다. 공항에
서 왕복 비행기가 없어서 체크인 자체를 안 해주는 경우가 있기 때
문이었다. 내가 알아서 책임지겠다고 해도 아예 여권조차 받지도
않는 경우에는 카드로 한 달 뒤 돌아오는 티켓을 구입한 뒤, 목적

국에 도착하자마자 취
소하여 환불받기도 했
다. 환불 연락조차 안
될 때는 몇 번씩 통화하
느라 전화 비용은 비용
대로, 시간은 시간대로
낭비한 적도 있었다.

태평양과 대서양을 건
너는 여정인 호주에서 미
국, 브라질에서 독일 구간
을 빼고는 대부분 저가 항
공이었기 때문에 그리 많
은 비용이 들지 않았다.

1. 한국 → 태국 : 약 23만 원
2. 태국 → 인도(왕복) : 약 15만 원
3. 말레이시아 → 호주 : 약 30만 원
4. 호주 → 미국(LA) : 약 80만 원
5. 미국 내(LA → 라스베이거스 → 뉴욕
   → 마이애미) : 각 구간당 약 10만 원
   → 총 약 30만 원
6. 미국(마이애미) → 멕시코 : 약 10만 원
7. 멕시코 → 콜롬비아 : 약 60만 원
8. 브라질 → 독일 : 약 60만 원
9. 독일 → 한국 : 약 60만 원

총금액 : 약 360여만 원

태평양과 대서양을 포함해 지구를 한 바퀴 도는데 든 비용치고
는 그리 크지 않은 것 같다. 그만큼 개별 항공을 이용할 때는 얼
마나 성수기를 잘 피하느냐와 얼마나 많이 손품을 팔았느냐에 따
라 가격 차이가 크다. 둘 중 어떤 것이 더 낫다고 평가는 할 수 없
다. 그저 장단점이 뚜렷하게 나타나는 만큼 선택은 여행자의 몫
이다.

여행에 필요한
준비물 챙기기

당장 메고 가야 할 배낭 고르기부터 사소한 자물쇠 선택까지 장기간의 여행을 준비하자니 이것저것 신경 쓸 게 정말 많다. 쉬운 것 같으면서도 까다로운 준비물은 어떻게 준비하면 좋을까? 준비물은 '여행 중에 살 만큼의 경비 여유가 없으니, 다 가져가되 최소한으로'라는 기준을 잡았다. 당장에 없는 컴퓨터나 배낭, 신발 등 꼭 사야 할 것도 산더미처럼 많고, 사소한 자물쇠며 비상약 같은 것도 놓쳐서는 안 되기에 다음과 같은 방법으로 준비해보았다. 일단 지금 내가 가지고 있고 없고를 떠나 필요한 물품 목록을 종류별로 분류했다. 루트를 정할 때처럼, 큰 부류부터.

· 여행용품 : 배낭 및 신발 등 ☐
· 옷 : 계절별 고려 ☐
· 속옷 ☐
· 각종 기기 : 컴퓨터, 카메라,
  USB 등 ☐
· 기타 ☐
· 필수품 ☐

그 다음에 각각 종류별로 세부 품목을 고민하여 적어보았다.

처음에는 필요한 품목 전체를 생각나는 대로 다 적은 다음 하나하나 줄여나갔다.

- 여행용품 : 주 배낭, 보조 배낭, 등산화, 슬리퍼, 침낭, 모포, 컵 ✓
- 옷 : 반 소매, 반바지, 긴 소매, 긴 바지, 트레이닝 복, 바람막이, 쫄바지(방한 대비), 수영복 ✓
- 속옷 : 팬티, 양말 ✓
- 각종 기기 : 넷북, 외장 하드, 카메라, MP3, 핸드폰 ✓
- 기타 : 각종 화장품, 안경, 선글라스, 비상약, 자물쇠, 계산기, 전자시계, 책 ✓
- 필수품 : 여권, 여권 커버, 국제 면허증, 지갑 ✓

* 여성의 경우는 개인용품이 더 추가될 것이고,
속옷이나 화장품 등에서도 더 품목이 늘어날 수 있을 것이다.

ㄱ 다음에 더 ㅜ
체적으로 적으면서
필요 없는 물품은 과
감히 지워버린다.

가장 구체적으로
정하는 단계가 가장 어
려울 것이다. 왜냐하면
'배낭이 필요한 건 알겠

- 여행용품 : 주 배낭(55L), 보조 배낭 (35L), 등산화(트레킹화 - 가벼운 것), 슬리퍼(쪼리), 침낭 ✓
- 옷 : 반 소매 티셔츠 2벌, 반바지 2벌, 긴 소매 티셔츠 2벌, 긴 바지(청바지), 트레이닝 복(긴 바지로만 1벌), 윈드 재킷 1벌, 수영복 1벌 ✓
- 속옷 : 팬티 5개, 양말 2켤레 ✓
- 각종 기기 : 넷북(어댑터 포함), 외장

하드 1개(500GB), 카메라(DSLR) 1개
(충전기 포함), MP3 1개(충전기 포함)
☑

· 기타 : 스킨&로션 공용 1개, 선크림 1개,
안경 1개, 선글라스 1개, 비상약(지사제,
소화제, 감기약, 말라리아약, 물파스,
붕대, 소염제, 진통제 등), 자물쇠
(번호로 맞추는 것 3개), 전자계산기
(초소형 1개), 전자시계 1개, 두건 1개
(모자 대용) ☑

· 필수품 : 여권, 여권 커버, 국제 면허증,
지갑 ☑

· 각종 예방 접종 증명서 및 면허증
발급 : 황열병 예방증명서, 국제 운전
면허증 ☑

는데 왜 55L을 사고, 외장 하드가 필요한 건 알겠는데 왜 500GB를 샀으며, 카메라는 왜 DSLR을 가지고 갔을까?'와 같은 고민을 하게 된다. 그럼 어떤 이유로 위의 물품들을 정하게 되었을까?

· 배낭 : 배낭을 살지, 캐리어를 살지를 정하고 배낭을 산다면 몇 리터짜리를 사야할 것인지, 그리고 등산용처럼 끈으로 묶는 것이 좋은지 여행용으로 나온 지퍼 달린 것이 좋은지 등 고민되는 것이 많다. 내 입장에서 보면, 먼저 배낭과 캐리어는 장단점이 너무 뚜렷하다. 배낭은 이동하기 좋지만 무겁고, 캐리어는 이동하기 불편하지만 무겁지는 않다. 배낭은 짐 관리하기가 쉽지 않지만, 캐리어는 짐을 찾고 집어넣는데 어렵지 않다. 그렇다면, 일단 메고 다니는 체력적인 문제는 자신이 있고, 이동하는데 편해야 한다는, 단순하지만 나에게 가장 적합한 답은 배낭밖에 없었다. 그리고 나서 가방을 검색하다 보니, 나의 체형과 준비한 물품들을 고려했을 때,

60L 이상은 너무 클 것 같
고, 50L 이하는 너무 작을
것 같았다. 또한 보조 배
낭에 중요한 것을 다 넣고,
몸에 분신처럼 들고 다닐
테니 주 배낭은 끈으로 묶
는 것을 사용하여 물품이 도난당한다고 해도 상관이 없을 것 같
았다.

  보통 여성의 경우에는 45L 정도가 적당하고, 남성의 경우에는
55~60L 정도가 적당하다고들 한다. 내 짐과 기동성, 그리고 체력
을 고민했을 때, 나에게는 55L이 가장 적당했고, 여행이 끝난 지
금도 그것이 딱 맞는 사이즈였다고 생각한다. 또한 가방은 사이즈
가 클수록 빈 공간에 뭔가를 채우고 싶어 자꾸 새로운 물품을 집
어넣고 싶은 마음이 생겨 조금은 부족한 듯싶으면서도 딱 맞는 사
이즈를 선택한 것이 55L이었다. 이처럼 자신의 체형과 체력 그리
고 선호하는 여행 스타일에 맞춰서 배낭을 선택하는 것이 가장 좋
은 방법이다.

· 카메라 : 요즘은 DSLR 사용자가 워낙 많은 만큼, 여행갈 때
가지고 갈 카메라에 대해서 많이 고민하는 것 같다. 무거운 DSLR
을 선택하지만 더 좋은 사진을 남기느냐, 아니면 사진에 대해서 아
쉽기는 하지만 작고 가벼운 일반 디지털 카메라를 들고 가느냐가

주 고민이 되는데, 사실 어느 것도 정답은 없다. 사진은 꼭 장비가 좋아서 좋은 사진이 나오는 게 아니라는 말에 절대 공감한다. 일명 똑딱이라고 불리는 일반 디지털 카메라로도 감탄이 나올 만큼 멋진 사진들을 남기기도 하다. 하지만 기존 DSLR 사용자라면, 이 크고 무거운 카메라를 어떻게 할 것인가에 대해서 많이 고민을 하게 된다.

나는 여행을 떠나기 전부터 DSLR을 사용하고 있었다. 여행자 카페에 들어가서 검색해보니 보통 DSLR 사용자는 서브용으로 일반 디지털 카메라를 준비한다고 하니 나 역시 서브용으로 준비를 하려 했다. 하지만 사야지, 사야지 하면서 결국 시기를 놓치고 말았다. 출발 당일 공항에서 사려다가 언젠가 여행 중에라도 필요하면 사겠지라는 생각으로 구입하지 않고 출국했다. 문제는 태국에서 일어났다. 오토바이를 타다가 넘어져서 그만 DSLR이 망가져버렸다. 이제 당장 며칠 뒤면 말레이시아를 거쳐서 호주로 넘어가는 일정이 계획되는데, 연말이라 연 초까지 수리점이 문을 연 곳이 없었다.

그래서 결국 태국에서 서브용을 구입했다. 일반 디지털 카메라를 선택한 이들에게 서브용으로 같은 것을 하나 더 준비하라고 말하면 그리 공감이 가지 않을지도 모른다. 하지만 DSLR 사용자에게는 적극 추천하는 편이다. 특히 남미 같은 위험한 곳에서는 DSLR을 들고 다니기가 겁이 나기도 한다. 그럴 때는 서브용 카메라는 정말 유용하다. 혹은 편하게 친구들과 어울려 놀 때도 DSLR보다는 가볍게 소지하고 쉽게 꺼내 쓸 수 있는 서브용 카메라를 준비하는 것이 훨씬 낫다고 생각한다.

· 컴퓨터와 외장 하드 : 컴퓨터는 활용면에서 보면 가장 좋은 제품이기도 하다. 심심할 때 영화를 보고, 은행 일을 볼 때도 편하며, 또 굳이 인터넷 카페(PC방)에 한글 자판이 있을까 없을까 고민하지 않아도 되고, 무선 인터넷만 잡히면 언제 어디서든 인터넷을 연결하여 집에 연락도 하고 여행 정보도 찾을 수 있는 등 그야말로 '좋은' 준비물임을 인정하지 않을 수 없다.

그러나 개인적으로는 여행을 다녀온 입장에서 말하자면, 비추천하는 준비물 중에 하나이다. 그 활용년보다 무게와 분실에 대한 부담감이 더 컸으며, 생각보다 컴퓨터를 이용할 일이 많지는 않았다. 낮에 나가서 돌아다니고 저녁에는 친구들과 놀기 바쁜데, 방안에 컴퓨터를 두고 왔다는 걱정을 하는 내가 때론 한심하기도 했다. 그래서 지금처럼 스마트폰의 활용성이 높았다면 주저 없이 스마트폰을 선택했을 것 같다.

이에 반해, 외장 하드는 사진을 저장하고 기타 자료들을 보관하는 데 반드시 필요하다. 컴퓨터는 없어도 외장 하드는 꼭 가지고 가라는 말을 하고 싶다. 사진을 큰 파일로 찍느냐 아니냐에 따라서 그 크기가 달라지겠지만, 나 같은 경우는 1년을 찍어 저장했어도 100GB가 안 넘었다. 그래서 300GB로도 충분했다. 개인의 사진 찍는 성향에 따라 선택하면 될 것이다.

• 기타 : 옷, 속옷, 선글라스부터 화장품 등 나머지 모든 물품은 자기 취향에 맞게, 그리고 편의에 맞게 준비하면 된다. 쓸데 없이 너무 많이 가져가는 것은 반드시 짐이 되고, 그렇다고 너무 안 가져가면 전부 가서 사야 할지도 모른다.

Tip 반 소매 옷, 그리고 긴 소매 옷

장기간의 여행을 하다보면 어느 국가에서 겪을지는 모르지만 여름과 겨울을 한 번씩 거치는 게 일반적이다. 예를 들면, 네팔에서 안나푸르나나 남미의 우유니 등 고지대에 가게 되는 경우, 낮에는 따뜻하지만 밤에는 엄청 춥다. 태국이나 베트남, 멕시코 같은 더운 지역에서도 한참 더위에 지쳐있다가도 고산지대를 가면 상대거요로 엄청 춥다고 느껴진다. 그래서 반 소매 옷은 물론이고, 긴 소매 옷도 위아래로 적어도 한 벌씩은 준비해야 한다.

본문 중에 나열한 물품들은 실제 내가 들고 갔던 준비물들이다. 옷이 헤져 현지에서 구입한 것 말고는 다른 품목들은 추가된 것도 버린 것도 거의 없다. 옷은 좋은 것이 아닌 편하게 입을 수 있는 옷을 가져가는 것이 현명하다. 여행길에서 만난 베테랑들은 대부분 기능성 옷을 많이 준비했는데, 가격만 비싸지 않다면 아마 그게 최선의 선택이 될 수도 있겠다라고 생각했다.

Section 06

대비 안하면 혼란스러운
나라별 비자 상황

여행을 조금만 준비해본 사람이라면 알겠지만, 대한민국 여권으로 무비자로 갈 수 있는 나라가 상당히 많다. 또 별도 비자 비용 없이 처리되는 곳도 많다. 비자를 받아야 하는 경우,

준비만 잘하면 크게 어려울 것은 없다. 만약 어렵다면 각국 영사관에서 도움을 청하면 친절하게 모두 알려준다. 혹시 오지에 가거나, 생소한 지역을 가는 이들이라면 좀 더 손품을 팔거나 발로 뛰어서 확인해보면 잘 알 수 있다. 하지만 그럴 여력이 없는 분들을 위해서 무비자 국가와 비자가 필요한 국가를 표로 정리해보았다.

	아시아	미주
무비자 15일	라오스, 베트남, 필리핀(21일)	
무비자 30일	대만, 브루나이	우루과이, 파라과이
무비자 90일	뉴질랜드, 마카오, 말레이시아, 싱가포르, 일본, 태국, 호주(ETA)	과테말라, 멕시코, 베네수엘라, 브라질, 아르헨티나, 에콰도르, 엘살바도르, 온두라스, 자메이카, 칠레, 코스타리카, 콜롬비아, 파나마, 페루, 미국(ESTA)
무비자 3개월 이상	피지(4개월)	캐나다(180일)
비자 필요	몽골, 미얀마, 방글라데시, 부탄, 인도, 중국, 캄보디아, 파키스탄	볼리비아
도착 비자 30일	몰디브, 스리랑카, 인도네시아, 네팔(15, 30, 90일)	
도착 비자 90일		

　　무비자로 입국할 수 있는 국가들은 국경에서 여권에 스탬프만 받으면 되고, 비자가 필요하지만 국경에서 발급 가능한 국가들은 도착 비자를 발급받는다. 하지만 입국 전 비자 발급을 받아야 하는 국가들은 근처 국가 영사관에서 미리 비자를 받아야 한다. 비자 발급 기간은 국가별로 차이가 있으므로 미리 정보를 체크하여

유럽	중동, 아프리카
	모리셔스(16일)
포르투갈(60일)	오만, 튀니지, 남아프리카공화국, 레소토(60일), 세이셸, 와질란드(60일)
그리스, 네덜란드, 노르웨이, 덴마크, 독일, 라트비아, 루마니아, 룩셈부르크, 리투아니아, 마케도니아, 몰타, 벨기에, 보스니아, 불가리아, 사이프러스, 산마리노, 스웨덴, 스위스, 스페인, 슬로바키아, 아이슬란드, 아일랜드, 알바니아, 에스토니아, 오스트리아, 우크라이나, 이탈리아, 체코, 크로아티아, 터키, 폴란드, 프랑스, 핀란드, 헝가리	모로코, 이스라엘, 라이베리아, 보츠와나
영국(최대 6개월)	
러시아, 벨라루스, 아르메니아, 아제르바이잔, 우즈베키스탄, 카자흐스탄	레바논, 리비아, 바레인, 사우디아라비아, 수단, 시리아, 카타르, 나미비아, 나이지리아, 마다가스카르, 말리, 세네갈, 알제리, 우간다, 토고
	아랍에미리트, 예멘, 요르단, 이란(2주), 이집트, 가나(7~30일), 말라위, 모잠비크, 짐바브웨
	에티오피아, 잠비아, 케냐

여유 있게 발급받은 후 스케줄을 계획하는 게 좋다.

비자를 받으면 출입국할 수 있게 된다. 어떻게 국경을 통과할까? 대한민국은 북쪽길이 완전히 막혀 사실 섬나라나 다름없기 때문에 육로를 통한 국가 이동은 우리에게 무척이나 생소할 수밖

에 없다. 그렇기에 외국에 나가면 처음에는 좀 당황스럽기도 하고 긴장도 된다. 하지만 겁먹거나 당황할 필요가 없다. 버스를 타고 국경 근처로 가면 출국장이 있고, 국경을 걸어서 혹은 이동 수단을 이용해 건너면 다시 입국장이 나온다. 각 출입국 신청서에 기입을 하고 여권을 내밀어 도장을 받으면 끝난다. 또한 대부분의 사람들이 근처에서 알려주기 때문에 헤매는 일도 거의 없다. 하지만 출입국 도장을 반드시 찍어야 한다는 것은 잊지 말자. 현지인들과 어울려서 가다 보면 그들은 국경에 접해있기에 여권조차 필요 없는 경우가 많아 그냥 지나칠 수 있는데, 반드시 확인을 하고 도장을 받아야 나중에 문제가 생기지 않는다.

무비자 국가들은 번거롭게 돈을 내고 받을 일도 없기에 아주 빠르게 출입국 심사가 진행된다. 하지만 몇몇 국가들, 미국과 캐나

다를 비롯하여, 서유럽 몇 개국, 소위 선진국이라고 하는 나라에서는 무비자라 하더라도 입국 심사가 오래 걸릴 수 있으니 미리 기존 여행자들의 경험을 참고하여 입국 심사에 차질 없도록 대비하는 것이 중요하다. 이런 국가들은 입국 심사에서 대답할 때 몇 가지 주의사항이 있다.

그렇다면 비자가 필요한 국가들은 어떨까? 출국 전 국내에서 준비하는 경우는 해당국 영사관에 방문하여 필요한 서류를 제출하고, 출국 후에도 근처 국가 혹은 당시에 머물고 있는 국가에서 해당국 영사관을 찾아 방문하면 된다. 비자를 받는 일이 좀 시간이 걸리고 가끔 까다롭지만, 크게 어려운 일은 없으니 미리 확인하여 대비한다면 조금도 걱정할 필요가 없다.

1. 여행 기간과 목적지를 정확하게 전달해야 한다.

2. 자금에 대해서는 조금 거짓을 보태더라도 여유 있게 이야기하는 것이 좋다.

3. 아는 사람이 있다고 이야기하는 것은 도움이 되지 않는다. => 입국 심사관들은 불법 체류할 것인지 아닌지를 판단하기도 한다. 아는 사람이 있다는 것은 그런 면에서 절대 유리하지 않다.

Section 07

육로로 이동 시
국경 통과하기

"육로로 국경을 어떻게 통과해?"

여행에 돌아오고 나서 친구들이 물어봤다.
태어나서 비행기를 타본 적이라고는 수학여행으로 제
주도 간 것이 전부인 이 녀석들은 다른 나라의 육로
국경 통과가 무척이나 궁금했나 보다. 대부분 국경을 맞대고 있는
국가들은 우리나라의 장거리 시외버스와 같은 형태의 국제버스가
운행된다. 서울과 부산 간을 운행하는 시외버스처럼, 자연스럽게
'태국 방콕 – 캄보디아 씨엠립'과 같은 국제버스가 있다. 이렇게 국
경에 접해있는 국가들은 각 국민에게 여권이 아닌 신분증만으로도
각 국가를 출입국할 수 있는 제도가 있어, 현지인들은 특별한 서
류 없이도 각 국가를 이동할 수 있다. 동남아시아처럼 여행자 루트
가 잘 형성되어 있는 곳에서는 대부분 여행사들이 국제 버스를 운
영하고, 남미처럼 거대한 대륙에서는 각 버스 회사가 국제 버스를
운영한다.

　　대부분의 여행자가 여행사를 통해 국경에서 잠시 정차하여 출
입국 심사를 받고 다시 이동한다. 어떤 여행자는 직접 국경까지 가
서 출입국 심사를 하고 다시 다음 국가의 국경에서 다른 곳으로
이동하기도 한다. 때로는 직접 이동하는 것이 여행사를 통해 이동
하는 버스보다 요금이 저렴하기 때문인데, 대신 그만큼 많은 시간
과 수고를 들여야 한다.

　　어떤 곳은 기차로도 국경을 통과하는데, 이곳에서도 마찬가지
로 출입국을 하는 국경 통과는 크게 다르지 않다. 버스나 기차를
통해 한 번에 한 국가에서 다른 국가로 이동을 하던, 혹은 직접 국
경까지 가서 출입국 심사를 받던, 다음과 같은 몇 가지 공통적인
사항을 기억해야 한다.

✓ 여권은 필수 : 비행기를 통해 다른 나라에 출입국할 때와 마찬가지로 여권을 통해 출입국 심사를 받는다. 반드시 여권을 미리 준비하자.

✓ 출입국 서류 작성 : 각 국가에서 요구하는 양식에 맞게 출입국 서류를 작성한다. 보통 이름과 국가에서부터 목적지와 머물 숙소의 주소를 적으라고 요구하지만, 미국같이 입국 심사가 까다로운 나라가 아니라면 대부분 생략해도 크게 문제가 되진 않는다. 하지만 항상 만약의 상황을 대비해서 숙소 하나의 정보 정도는 준비하는 것이 좋다.

✓ 출입국 확인 도장 받기 : 각 국가에서 요구하는 양식에 맞게 서류를 작성하면 출입국심사관들이 확인한 후 여권에 도장을 찍어 준다. 바로 이것이 출입국이 증명되는 증거이다.

각 국가의 출입국심사장에 최종 도장까지 받았으면 이제 기다리고 있는 버스를 다시 타거나, 혹은 국경 근처에서 목적지까지 가는 방법대로 이동하면 된다. 간혹 출입국 심사 중에 몇 가지 질문을 하기도 하나 그들의 인사일 수도 있고, 심각한 질문이 아니라면 가볍게 웃으면서 대답해주어도 된다. 너무 정색하고 대답하는 것보다는 조금 여유 있는 마음으로 출입국 심사를 받고 국경을 통과하자. 육로를 통한 국경 통과는 내게 참 색다르고 재미있던 경험이었다. 국경을 통해 접해있는 두 국가의 국력을 비교할 수도 있고, 그들의 생활과 사고방식도 느낄 수 있었다.

예를 들면, 태국과 캄보디아의 경우 태국의 국경도시인 아란야 프랏테Aranyaprathet는 많은 사람들이 붐비지만, 캄보디아로 넘어가는 순간 비포장도로와 황량한 거리가 나타난다. 캄보디아 국경에서 씨엠립까지 가는 길도 당시에는 비포장도로라서 먼지가 풀풀 날리는 도로를 에어컨도 없어 창문을 다 열고 달려야 했지만 태국에서는 에어컨이 빵빵한 버스를 타고 시원하고 편안하게 국경에 도착했었다.

인도와 네팔의 경우 인도에서는 호시탐탐 사기를 쳐 여행자들에게 돈을 더 받아내려고 하지만, 네팔 국경만 넘으면 그렇지가 않았다. 보통 인도에 있을 때는 처음 부른 가격을 무조건 흥정했기에 네팔에서도 흥정을 하려고 했더니 뒤도 안 돌아보고 안 판다고 한다. 인도에서는 보통 다른 곳으로 가려면 다시 불렀는데 말이다. 나중에 그곳에서 만난 네팔 친구에게 물어보니, 안 팔면 안 팔지 그렇게는 안한다고 한다. 같은 국경을 바로 맞대고 있지만 이렇게 생활방식이나 사고방식에 큰 차이가 있으니 참으로 새롭기만 하다. 하지만 이런 색다르고 재미있는 국경 통과에도 주의할 점이 몇 가지 있다. 언제나 어리숙한 여행자를 속이려는 사람들이 있기 마련인데, 다음의 몇 가지는 잊지 말고 반드시 기억해두자.

✓ 국경에서 환전하기

국경에서의 환전은 위조지폐일 가능성이 많다. 제대로 검증되지 않은 길거리에서의 환전은 환율은 좋게 부르나 위조지폐일 경우가 많다. 위조지폐의 경험이 적은 우리나라 사람은 알아보기가 더 쉽지 않다. 되도록 국경보다는 시내에서 소문난 곳이나 은행에서 직접 환전하는 것이 좋다. 나도 남미의 에콰도르 — 페루 국경에서 환전 사기를 당한 경험이 있다. 나중에 페루의 리마에서 사용하니 위조지폐란다. 결국 70불을 그렇게 못 쓰게 되었다.

✓ 절대 택시나 툭툭이 기사들에게 출입국심사장을 묻지 말라

개별 이동을 하여 국경에서 직접 심사장을 찾아야 할 때는 택시기사나 오토바이, 택시 툭툭이 기사에게 묻지 않는 것이 좋다. 그들은 대부분 멀다고 하며 자신들의 택시나 툭툭이에 탈 것을 권유한 뒤, 한 블록 가서 여기라고 하고 내리라며 돈을 받는 경우가 많다. 국경에 가면 지나다니는 사람이나 경찰에게 직접 물어 찾아가는 것이 가장 좋은 방법이다.

✓ 국경에서 말거는 현지인들은 90% 이상이 사기꾼이다

영어를 유창하게 하는 사람, 친근하게 다가오는 사람은 항상 경계해야 한다. 여기에 하나 더 추가하자면 국경에서 먼저 말을 거는 현지인은 절대 조심하라는 것이다. 국경에는 여행자를 노리는 범죄자들이 특히 많다. 국경을 넘기 때문에 출입국 심사에 정신이 없는 사이 호시탐탐 기회를 노리는 사람이 특히나 많다. 국경에서는 본인이 알아본 정보와 본인을 제외한 그 무엇도 믿지 말라고 감히 이야기하고 싶다.

환전과 돈 관리는
어떻게 하는 것이 좋을까?

장기간의 여행길에 오르는 사람들은 그만큼 많은 여행 자금을 준비하고 관리해야 한다. 오랜 기간 여행을 해야 하기 때문에 자금 관리는 누구에게나 큰 부담이 아닐 수 없다. 카드 한 장만 들고 그때그때마다 현금을 찾아 사용하는 것이 가장 안전한 방법이라는 데 큰 이견은 없다. 하지만 현금이 하나도 없는 상태에서 카드까지 분실한다면 다시 재발급하는데 참으로 난감하다. 그럴 때를 대비해 보조 카드를 발급받아 대비하기도 하지만, 긴급하게 현금이 필요한 상황은 늘 있다고 생각해야 한다. 그래서 조금이라도 비상금은 챙겨야 한다. 현금은 US$로 준비하는 것이 좋은데, 국제통화인 만큼 널리 통용되기 때문이다. 여행자 수표가 안전하다고 말하는 사람도 있지만 국가마다 혹은 지역마다 사용할 수 있느냐가 많이 달라 최근에는 그리 선호하지 않는다.

그렇다면, 현금은 어떻게 환전하고 돈은 어떻게 관리하는 것이 좋을까? 모든 장기 여행자들은 돈 관리에 대한 자신들만의 노하우가 있다. 나 역시 오랜 여행기간 동안 얻은 나만의 자금 관리법이 있었다. 경험을 토대로 환전과 돈 관리에 대한 정보를 공유해보자.

세계 어느 곳을 가더라도 공항에는 항상 환전소가 있다. 가장 쉽게 그리고 가장 안전하게 환전할 수 있는 곳 중 하나지만 환전율이 가장 안 좋다는 단점이 있다. 공항, 버스터미널, 선착장, 국경 등 여행자들이 가장 쉽게 접하는 환전소는 가장 최후의 수단으로 남겨두는 것이 좋다.

또한 여행자들이 많이 몰리는 여행자 거리의 환전소는 직접 돌아다니며 환전율을 비교하여 환전할 수 있다는 장점은 있지만, 환전한 여행자를 노리는 소매치기나 강도 등을 생각하면 안전도는 조금 떨어진다. 일반적으로 여행자 거리의 환전소가 환전율이 좋지만 국가나 지역에 따라 은행이 더 환전율을 좋은 경우도 있다. 동남아시아와 인도, 네팔을 비롯하여 호주와 미국까지는 전부 사설 환전소에서 환전했지만, 멕시코에서는 환전소보다 은행 환전율이 더 좋았다. 환전율이 좋은 환전소에 대한 정보는 보통 여행자들끼리 공유하므로 여러 친구들에게 물어봐야 한다. 나의 경우 이런 정보들은 일본인 여행자에게 물어보는 것이 좋았고, 그들의 정보는 거의 틀린 적이 없었다.

환전할 때는 반드시 명심해야 할 사항들이 몇 가지 있다.

첫째, 국경 근처 혹은 여행자 거리 환전소는 위조지폐일 가능성이 높으므로 주의해야 한다. 에콰도르에서 페루로 넘어가는 국경에서 나도 어처구니없게 사기를 당했었다. 그렇게 주의하고 경계했지만 속이는 게 직업인 사람들이고 주변에 있는 사람들을 이용하여 속이기까지 하므로 걸려들기가 쉽다. 결국 스스로 미리미리 준비하거나 조금이라도 의심이 가면 끝까지 피하는 것이 유일한 방법이다.

둘째는 믿을 만한 환전소를 찾아야 한다. 나의 경우 남미에서 특히 환전문제가 많았는데, 많은 여행자들이 유명한 환전소조차 위조지폐를 껴서 환전해주는 경우가 많다고 한다. 그래서 보통 여행자들이 많이 이용하는 환전소는 자기네 가게만의 도장을 돈에 찍어 주기도 한다. 이는 만일 위조지폐라면 이 도장을 근거로 신고해도 좋다는 뜻이니 신뢰할 수 있다. 환전에 대한 몇 가지 기준을 세우고, 환전할 때마다 불편하더라도 그 원칙에 따라 환전한다면 즐거운 여행길에 기분 상할 일이 줄어들 것이다.

환전 못지않게 중요한 것이 돈 관리이다. 어떤 이는 가계부를 쓰기도 하고, 어떤 이는 스마트폰을 활용하기도 한다. 장기 여행자에게 돈 관리는 사업을 운영하는 것처럼 파산이 되지 않게 신경을 써야 한다. 돈 관리를 잘하는 것도 능력이고 또 노하우이다. 여행 중에 돈을 어떻게 쓰느냐가 아닌 많은 양의 돈과 카드 등을 어떻게 소지하고 다닐 것인가에 대해 얘기해 보자.

나는 주로 현금을 들고 다녔었다. 여행 시작할 때는 현금 US$3,000을 가지고 있었다. 카드로 돈을 뽑는 일은 정말 위급한 상황이 아니면 하지 않겠다라는 정말 단순 무식한 방법을 선택했다.

3단계로 나눠서 현금을 관리했다. 먼저 신용카드, 체크카드, 미화는 전부 복대에 넣어 보조가방 바닥의 배낭 커버에 보관하였다. 그 다음, 환전한 돈은 지갑에 넣어 보조가방의 안쪽에 넣어 보관하였다. 그리고 당장 그날그날 쓸 현금은 동선을 따져보고 작은 동전지갑에 미리 빼두었다. 동전과 몇 장의 지폐, 그것이 내 주머니에 들어있는 모든 돈이었다. 돈을 쓸 때는 늘 그 작은 지갑만 빼서 쓰니, 현금이 얼만큼 있는지 어디에 있는지 다른 사람은 볼 기회조차 만들지 않았다. 또한 이렇게 돈을 쓰면 그날 동전 지갑에 있는 만큼만 쓰게 되므로 계획적인 지출을 할 수 있다.

돈은 쓰는 것만큼 어떻게 보관하느냐가 여행을 끝까지 마칠 수 있느냐 없느냐까지 결정짓는 중요 사항이다. 지금 설명한 것은 나의 한 가지 예일 뿐이다. 다른 여행자들의 노하우를 들어보고 참고하여 자신만의 환전하는 법이나 관리하는 법을 찾아 즐거운 여행에 보탬이 되길 바란다.

언어,
소통과 교감의 수단

1년이라는 시간 동안 여행하면서 다양한 문화를 접하고 다양한 국가의 다양한 사람들을 만나게 된다.

"언어는 어떻게 하셨어요?"
"와~ 영어 엄청 잘하시겠네요."
"스페인어도 하세요?"

가끔 지인들을 만나면 다양한 국가, 다양한 언어 속에서 어떻게 생활했는지 궁금해 한다. 먼저 만국 공통어인 영어를 기본으로 하되, 영어가 거의 통하지 않는 남미에서는 스페인어와 영어를 섞어가며 얘기했다. 영어는 직장 다닐 때 배운 것으로도 큰 어려움은 없었지만, 스페인어는 여행준비 기간에 한국에서 6개월을 배웠음에도 언어 특성상 빠르기나 동사변형이 어려웠다. 하지만 힘들게 배운 이 언어를 나중에 남미 여행 시에 잘 사용했던 점을 생각하면, 열심히 배운 효과가 있었던 것 같다.

　　라스베이거스에 있을 때 토마스라는 오스트리아 친구가 있었다. 일본 친구와 더불어 신나게 놀다가 숙소로 돌아와 쉬고 있는데, 이메일 좀 확인하겠다며 컴퓨터를 빌려가더니 곧 표정이 어두워졌다. 이유를 물어보니 고국에 계신 가족들이 여행 갔다가 교통사고가 나서 모두 병원에 실려 갔다는 메일을 받은 것이었다.

　　급하게 집에 전화하고 나서 한참 뒤에 돌아온 친구는 나에게 잠깐 이야기하자고 했고, 먼 타지에서 가족에게 일어난 일로 고민하는 이 친구와 둘이서 두어 시간을 함께 앉아 이야기도 들어주고 위로도 해주었다. 일본 친구도 위로를 하고 싶지만 영어를 잘 못하니 머쓱하게 옆에 앉아 있다가 들어가 버렸다. 그 사고 이후 집에 돌아간 토마스에게서 연락이 왔다. 힘들 때 곁에 있어줘서 정말 고마웠다고. 그런 힘들 일이 있을 때, 주위에 아무도 없었으면 어떻게 이겨냈을지 모르겠다며 무척 고마워했다. 언어를 할 수 있어서 누군가를 위로해주었던 귀중한 경험이었다.

　　페루에 있을 때 마추픽추로 가던 날이었다. 그날 같은 방을 쓰던 일본인 친구와 함께 길을 나섰다. 요 며칠 계속되는 비로 인해 산길이 무너져

복구되기까지 두어 시간을 차 안에서 대기해야 할 일이 생겼는데, 옆자리에 앉은 현지인 아저씨와 잘 못하지만 스페인어로 이것저것 이야기하다 보니 지루하지 않게 목적지까지 갈 수 있었다. 여행 베테랑이라 자랑하던 일본인 친구는 정작 스페인어는 단 한마디도 하지 못해, 우리가 대화하는 것을 하나도 이해하지 못하고 연신 하품만 하면서 그 시간을 보내야 했다. 단순히 단어의 나열이라도 대화가 된다는 것은 사람과 사람 간의 교감이라고 생각한다.

1년의 시간 동안 다양한 언어로 다양한 사람들과 지내면서 많은 시간 동안 배운 것은 다양한 사고방식과 문화뿐만 아니라, 언어는 곧 소통과 교감의 가장 중요한 수단이 된다는 것이었다. 이 책을 읽고 여행을 꿈꾸는 모든 이들에게 언어를 배우는데 게을리 하지 말라고 이야기 하고 싶다.

숙소 찾기,
인터넷은 기본이고 발품을 팔아라

여행이 본격적으로 시작되면, 매일 먹는 식사뿐만 아니라 숙소를 찾는 것도 엄청난 일이다. 장기 여행자들이 보통 이야기하는 것 중에 하나가 여행이 장기화되면 여행 자체가 일상 생활이 된다고 한다. 매일 먹고 자는 것을 고민해야 하고 어느 곳으로 어떻게 이동해야 할지 늘 선택의 갈림길에 서게 된다. 보통 한 곳에 머무르면 짧게는 2~3일, 길게는 10일 가까이 한 숙소에서 머물지만 낯선 곳에 정보 하나 없이 떨어지면 당장 어디서 잘 것인지 고민스럽다.

장소를 이동할 때마다 숙소를 찾아야 하는데, 미리 가이드북이나 충분한 사전 정보를 통해 숙소를 찾는 것이 가장 좋다. 하지만 가이드북에 표시된 곳이 없어졌거나 터무니없이 비싼 가격을 부를 수도 있다. 또한 주변에서 받은 정보가 생각보다 맘에 들지 않는 경우도 많다. 결국 이런 경우에는 직접 발로 뛰며 숙소를 찾아야 한다.

여기에 숙소를 찾는 노하우 몇 가지를 공유하고자 한다.

인터넷을 적극 활용하라. 가장 쉬운 방법이자 가장 많은 정보를 얻을 수 있는 방법이다. 여행자 카페든 숙소 찾기 사이트든 그 정확도와 정보의 양은 다다익선이다. 가장 활성화된 여행자 카페는 다음의 오불당이라는 카페이며, 회원 수뿐만 아니라 공유하는 정보의 양도 국내 최고라 단언할 수 있다. 그밖에 호스텔닷컴이라든지 숙소 찾는 사이트는 인터넷에서 무궁무진하다.

무조건 싼 숙소는 이스라엘 친구를, 가격 대비 좋은 숙소는 일본 친구를 따라가라. 지금부터는 가이드북도, 인터넷도 없는 경우에 선택할 수 있는 방법이다. 이스라엘 친구들은 대부분 군복무를 마치고 남는 시간에 여행을 하는 경우가 많다. 이 친구들은 보통 무리지어 다니는 경우도 많고, 그들만의 정보나 루트도 상당히 체계화되어 있다. 보통 많은 경비를 가지고 여행하지 않기 때문에 언제나 가장 싼 숙소를 찾아간다. 이들은 숙소의 환경이라든가 위치는 고려 대상이 아니다. 대체로 저렴하면 무조건 콜하는 경향이 많다.

반면, 일본 여행자는 정보면에서는 이스라엘 친구들에게 절대 뒤지지 않으며, 가격 대비 질이 좋은 숙소를 잘 찾아낸다. 그들은 세계 어디든 일본인 여행자가 몰리는 숙소에는 'Japanese Book' 이라는 걸 만들어 두고, 그들만의 정보를 공유한다. 대부분 일본

어로 빼곡히 적어놓은 정보에는 숙소는 기본
이고, 가장 싼 버스 혹은 저렴하면서 맛있는
식당, 아시아 식품을 구할 수 있는 가게 등
여행에 필요한 정보를 총망라해놓았다. 일본
인 친구들만 잘 사귀면 숙소는 어렵지 않게 구할 수 있다.

나도 여행지가 바뀔 때마다 여행할 여행지에 대한 정보를 일본
인 친구들에게 많이 물어봤었다. 그들은 자신이 가지 않았더라도
'Japanese Book'을 통해 숙소 정보를 알려주었고, 친한 일본인 친
구들에게 메일로 물어봐서 알려주기도 했다.

터미널 근처의 호객꾼들을 잘 이용하라. 인터넷도 없고, 정보를
공유할 여행자조차 전혀 없을 때는 터미널 근처에 있는 호객꾼들
을 잘 활용하는 것도 방법이다. 그들은 보통 숙소를 찾는 여행자
들에게 다가가 자기네 숙소를 홍보한다. 그럴 땐, 가격이 맞던 맞
지 않던 일단 무조건 따라가면 된다. 그들로 인해 근처 지리도 대
충 파악하고, 여행자 숙소는 대체로 모여 있기 때문에 그들을 따
라간 후 둘러보고 나서 숙소에 머무를지를 판단하고 나중에라도
다른 곳으로 옮기면 된다.

숙소 직원에게 물어보라. 이도 저도 힘들다면, 아무 숙소나 들
어가 머물 것처럼 물어본 뒤 적당하지 않으면 다른 숙소에 대한
정보를 물어본다. 이 방법은 동남아시아에 있을 때부터 사용했다.

이를테면 먼저 터미널 근처 숙소로 들어간다. 가격을 물어보고 방을 둘러본 후 가격이 맞지 않다면 솔직하게 이야기하고, 저렴한 숙소가 혹시 주변에 있는지를 물어본다. 물론 알려 주지 않는 사람도 있지만 주인이 아닌 숙소 직원인 경우는 알려줄 때가 많다. 직접 일일이 돌아다니며 확인해야 하는 불편함은 있지만, 그만큼 저렴하게 하루를 보낼 수 있다.

　사람마다 선호하는 숙소가 있다. 침실은 좋지 않아도 화장실만 깨끗하면 지낼 수 있다는 여행자도 있었고, 그 반대로 화장실은 더러워도 침실이 좋아야 한다는 여행자도 만났다. 물론 둘다 좋아야 한다는 여행자도 있고, 나처럼 둘다 가리지 않는 여행자도 있었다. 나의 경우 숙소는 여행하는데 있어서 큰 부분을 차지하지 않았다. 워낙 이거저것 안 가리고 아무데서나 머리만 대면 잠을 잘 자는 성격이라 그렇다. 그렇기에 숙소는 항상 저렴한 곳을 찾아 다녔다. 하지만 사람에 따라 숙소로 인해 여행이 크게 좌지우지되는 사람들도 많이 보았다. 자신에게 맞는 숙소를 잘 선택하는 곳이 행복한 여행에 필요조건이 될 수

있다.

식사 해결하기, 해먹는 것도 방법이다

    여행 초기에는 상대적으로 물가가 저렴한 아시아 국가를 여행했기에 식당을 많이 이용했다. 하지만 식당도 언젠가부터 부담스러워지면서 서서히 노점식당을 찾게 되었다. (사실 노점식당이 더 맛있는 경우가 많았다.) 여행의 전환기였던 호주에서는 주말에 가끔 친구를 만나 술을 먹는 거 빼고는 물가가 비싸서 자연스럽게 밥을 해먹었다. 이후 미국에서도 같은 이유로 밥을 해 먹을 수 있는 숙소만을 찾아 들어갔다. 미국 여행을 마치고 남미 여러 국가를 돌아다닐 때도 마찬가지였다. 조금씩 습관을 들이니 자연스레 숙소에서 밥을 해 먹게 되었다.

    '그 나라에 가면 그 나라 음식을 먹어봐야 한다.'라는 말은 절

대 틀린 말이 아니다. 하지만 매번 그 나라 음식을 사먹을 순 없다. 그래서 밥을 해 먹기도 했고, 조금 비싸더라도 과하게 음식을 시켜 이것저것 맛보기도 하였다. 나처럼 가난한 여행을 선택할 수밖에 없는 사람들을 위해 식사를 해결했던 방법을 소개한다.

어차피 쌀은 계속 줄어든다. 여행 중 만났던 한 친구는 무거운 쌀을 어떻게 들고 다니냐고 묻는다. 하지만 13kg 정도의 배낭에 6kg 정도의 보조 배낭을 메고 다니는 내게 1~2kg의 쌀은 그렇게 큰 부담은 아니었다. 사실 배낭을 메고 종일 돌아다니는 것도 아니고 쌀은 하루 이틀 먹다보면 줄어들기 마련이다. 무거워서 쌀을 못 들고 다닌다는 것은 핑계라고 생각한다.

반찬 해결하기. 참 다행스럽게도 사계절이 뚜렷한 대한민국은 음식 종류 또한 많아서 세계 어딜 가든 입에 맞는 반찬 한두 가지를 구하는 것은 어렵지 않았다. 호주와 미국은 물론이고, 멕시코에서는 매콤한 재료, 남미에서는 다양한 야채와 계란으로 해 먹을 수 있는 반찬이 너무 많았다. 한식은 물론이고 일식과 양식까지 말이다. 예를 들면, 멕시코는 여행자들을 위한 시스템이 잘 되어 있어서 어느 곳을 가던 기름과 소금은 기본으로 제공되었다. 기

름과 소금만 있으면 만들 수 있는 음식이 얼마나 많던지! 계란프라이는 물론 볶음밥, 계란말이, 야채볶음, 소야볶음 등 지겹지 않게 식단을 짤 수 있을 정도였다.

삶은 계란은 훌륭한 한 끼 식사가 된다. 버스의 이동시간이 긴 중남미의 경우 식사 대용으로 삶은 계란을 준비해두면 아주 든든한 한 끼 식사가 된다. 단, 장거리 이동 시 삶은 계란이 때로는 소화불량의 원인이 될 수도 있으므로 주의해야 한다.

먹는 것을 가리지 않을 수밖에 없었고, 아무데서나 잘 잘수밖에 없었으며, 낯선 이들을 가리지 않고 만나야 정보를 얻을 수 있었다. 결국 타고난 것이 아니라 환경에 적응한 것이다. 그래도 식사에 대한 고민은 하지 말라고 감히 말하고 싶다. 왜냐고? 인간은 배고프고 돈 없으면 다 먹게 돼있으니까.

친구 사귀기,
다가가도 거부하지 않는다

'자, 수학 계산을 해봅시다. 365일 동안 여행을 한다고 가정하고, 하루에 아니 3일에 한 명씩만 만난다고 생각하면 365일 동안 몇 명의 사람들을 만날까요? 적어도 100명 이상입니다.' 그럼 그 사람들을 어디서 만날 수 있을까? 버스, 비행기, 공항, 버스정류장, 관광지, 술집, 숙소, 식당 등 수많은 장소에서 사람들을 만난다. 여행자는 대체로 외로움을 즐긴다. 특히 장기여행을 하는 사람은 더더욱 그렇다. 그렇기에 서로가 서로에게 말을 걸면, 아주 쉽게 친해진다.

'Hi, How are you?'라는 한마디가 모든 관계를 시작한다. 좀 더 영어가 된다면 'I saw you at the bus station! Did you just arrive here?' 등과 같은 말로 대화를 쉽게 풀어나갈 수 있다. 여기서 중요한 건 어떻게 대화를 시작하느냐이다. 여행을 하면서 느낀 점이 있다면 사람과 관계를 맺으려면 기다리지 말고 먼저 다가서라는 것이다. 내가 다가서지 않으면 좋은 친구를 얻을 수 있는 기회조차 없다.

태국에서 인도로 가기 위해 공항 게이트 앞에서 탑승을 기다리고 있었다. 인도에 대한 정보도 너무 없고, 심심하기도 하고 해서 주위를 둘러보다 혼자 앉아 있던 동양인을 보고, 무작정 먼저 다가가 말을 걸었다.

"Hi, How are you?"
"H...Hi"
"You must be Japanese! Right?"
"Yes!"

그렇게 만난 요시. 그리고 요시를 통해 알게 된 요꼬와 히로꼬까지 그들 덕에 인도 여행을 하는 동안 상당히 저렴한 숙소를 찾

을 수 있었다. 이 역시 내가 먼저 다가가지 않았다면 가질 수 없던 기회였다. 이처럼 여행 중에 만난 대부분의 친구들은 내가 먼저 건넨 인사로 알게 되었고 또 인연을 맺었다.

1년을 여행하면 적어도 100명 이상의 사람들을 만나게 된다. 이 중 맘에 안 드는 사람 30명 빼고, 언어 문제로 대화가 통하지 않던 사람 30명 빼고, 그냥 스치듯 만난 사람 30명 빼면 그래도 10명이 남는다. 그리고 이들은 여행 후에도 계속 연락할 사람들이다. 인종 차별에 대한 질문도 많이 받았다. 사실 없다고는 말 못한다. 같은 여행자라도 백인들은 백인끼리 어울려 놀고, 흑인들은 또 황인종보다는 백인들과 어울리려고 한다. 하지만, 이 역시 내가 먼저 다가서서 이야기하면 그들이 거부하거나 싫어하지는 않는다. 그들과 벽을 없애고 친해지는 것은 내게 달려있다.

인도

CAMBODIA

중국

태국　　　베트남

인도네시아

여행은
나를 알아가는 시간이다

나는 유난히 초등학교 시절부터 학년 초마다 실시하는 인적사항 조사가 싫었다. 특히 특기라고 비워져 있는 란을 볼 때마다 한참 그 종이를 붙들고 있어야 했다. '내 특기가 뭐지? 난 뭘 잘할까?' 순진한 어린 시절에는 정직하게 적어야 한다고 믿었고, 그렇기에 늘 한참 고민해야만 했다. 중고등학교를 거쳐 대학생이 되었을 때에는 대충 '운동' 혹은 '컴퓨터' 등 남들처럼 적으면 된다는 것을 알았지만, 그것을 알기 전까지는 늘 진지하게 고민했다.

여행을 통해서 가장 크게 변한 것이 바로 나에 대한 생각이었다. 나에 대한 이해는 곧 나는 무엇을 좋아하고 잘하는가에 대한 기본적인 것부터, 나의 인생관과 가치관 등 철학적인 것까지 그 폭을 가늠하기 어려울 정도로 많은 부분에 대한 것이다. 지금 누군가 나에게 '당신의 특기는 어떤 것이고, 당신의 장점은 무엇입니까?'라고 묻는다면, 이제는 주저 없이 대답할 수 있을 것 같다. 그만큼 오랜 시간 여행길에서 끊임없이 나와 대화했고, 나라는 존재에 대해서 생각했다. 그렇다면 여행이 어떻게 그런 계기를 마련해 주었을까? 다음 세 가지를 얘기하고 싶다.

혼자만의 시간이 많다. 버스, 기차, 배 등 모든 이동 수단을 비롯해, 안나푸르나를 오르는 시간, 타지마할, 마추픽추 등을 마주하고 앉아 있던 시간 등 너무나 많은 시간 동안 나와 대화할 수 있었다. 처음에는 쉽지 않았다. 내 마음의 문을 열기도 전에 이미 이어폰을 꽂고 노래를 듣거나 책을 보거나 혹은 컴퓨터로 정보를 찾거나 영화를 보는 등 나와 시간을 나누는 것이 아니라 그 시간을 다른 무언가로 채우려고 노력했기 때문이다. 하지만 모든 것이 차단되었던 어느 순간부터 나와 대화를 시작할 수 있었다. 인도에서 48시간 동안 기차를 탔을 때, 에콰도르에서 38시간 동안 버스를 탔을 때, 호주에서 미국으로 향하는 13시간 동안 비행기 안에서, 안나푸르나를 오르는 4박 5일 동안, 마추픽추를 가는 3일간 나를 알아갈 수 있었다.

다른 사람들과의 만남을 통한 타산지석으로 배우다. 노란머리 파란 눈의 백인부터 까만 피부 곱슬머리 흑인과 터번을 둘러쓴 중동 사람들, 남미의 알록달록 화려한 옷을 입은 원주민들까지 다양한 사람들을 통해서 나의 환경과 상황을 객관적으로 비교하고 바라볼 수 있었다. '저들은 어떤 생각을 가지고 있을까? 저들은 어떤 미래를 꿈꿀까? 저들은 행복하다고 느낄까?' 등의 질문을 나에게 던지며 답을 찾아 보았다. 나와는 다른 문화와 환경을 가진 사람들의 모습에서 나를 객관적으로 바라 볼 수 있었다.

"What is your dream of your life?

그들뿐만 아니라 곧 나에게 던지는 질문이기도 했다. '내 삶의 꿈은 무엇일까?' 나에 대해 알고 있는 모든 것들은 내가 만난 다양한 사람들로부터 알게 되었다고 자신 있게 이야기할 수 있다.

여행은 그 자체만으로도 엄청난 경험을 가져다준다. 미디어나 책 혹은 인터넷 등에서 얻는 것과는 비교도 안 될 정도로 어마어마한 것이다. 예를 들면, 안나푸르나를 오르거나 마추픽추를 오르면서 실제적으로 겪게 되는 육체적인 경험부터 삶과 죽음이 공존하는 바라나시에서 배우는 정신적인 경험, 그리고 장엄한 안데스산맥이나 경이로운 우유니사막을 마주하면서 느낀 경험들은 내가 자각하지 못하는 사이 엄청난 내적 성장을 가져다주었다. 신에 대한 경외감을 통해 나라는 존재가 얼마나 미미한지부터 인간이 이루어 놓은 문명을 보면서 환경에 맞서 싸우는 인간이란 존재가 얼마나 위대한지까지, 장소가 바뀔 때마다 생각의 깊이는 점점 깊어졌고, 쓸데없는 과욕이 얼마나 허망한지 자연스럽게 깨달았다.

유럽에서의 마지막 여정이 끝나고 집으로 돌아오는 비행기 안에서 문득 나에 대한 소개서를 작성해봐야 겠다는 생각이 들었다. 마냥 어렵게만 생각되던 '자기소개서'를 쓰는데 걸린 시간은 딱 1시간. 진솔한 이야기를 담는데 많은 시간이 필요하지 않았다.

말그대로 1년을 나만 생각하고, 나만을 위한 생활을 했는데, 나에 대해서 쓰는 게 어렵다면 그게 더 이상한 일일 것이다. 이렇듯 나는 여행을 통해 남들에게 보여주고 싶은 내가 아닌 진짜 나 자신을 알게 되었다.

Section 02

삶에 대한 이해의 폭과
시야를 넓힐 수 있다

돌이켜 보면 지난 1년간 참으로 많은 일을 겪었다. 내가 직접 몸으로 부딪히며 겪은 일부터 전해들은 소식까지, 내 인생에 일어날 수 있는 일들이 한 번에 일어난 게 아닐까 할 정도로 많은 사건과 사고가 있었다. 여행을 시작한 지 3달쯤 되었을 때였다. 인도의 바라나시 버닝가트(시체를 화장하는 바라나시의 한 장소)에서 늘 그랬던 것처럼 해질 무렵 한쪽에 자리를 잡고 앉아 멍히 갠지스 강을 바라보고 있었다. 밤이 깊어 숙소로 돌아와 저녁에 컴퓨터를 켰다가 같이 근무하던 직장 상사의 자살소식을 들었다. 그 충격은 이루 말할 수 없을 정도로 컸다.

두어 달이 지나고 호주에서 생활할 때는, 강도를 만났었고 폭행시비에 휘말리기도 했으며 심지어 교통사고까지 당하기도 했다. 상대적으로 안전하다고 하는 국가에서 겪은 일들이라 그 충격은 더 크게 다가왔다. 내가 직접 몸으로 겪은 사고들은 긍정적인 마음으로 잘 이겨낼 수 있었지만 몇 달이 지나고, 외할머니께서 돌아가셨다는 소식을 들었다. 통화한 지 1주일도 안 되었는데 돌아가셨다는 것이다. 며칠간 너무나 슬펐다. 아마 여행하면서 눈물을 흘린 것은 이때가 처음이자 마지막이었던 같다.

얼마 후에는 대학교 동기 녀석이 자동차 사고로 죽었다는 소식을 들었다. 멕시코시티에 있을 때였는데, 후배 녀석이 이야기하는 걸 듣고 거짓말이라고 생각했다. 항공사 승무원이었던 녀석은 불과 2달 전에 내가 있는 곳에 곧 갈 수 있겠다고 했는데 그 사이에 사고가 났다는 것이다.

한국에 돌아온 후 여행 중 작은 아버지께서 돌아가셨다는 소식까지 전해 들었다. 나를 무척이나 예뻐해 주셨던 작은 아버지의 소식은 며칠간 나를 슬프게 하였다. 가볼 수 없었던 타국에서 한국에서 일어난 슬픈 소식은 한동안 나를 힘들게 했다. 어쩌면 이런 상황들이 있었기에 좀 더 깊게 삶과 죽음에 대해서 많은 생각을 했을지도 모르겠다.

하지만 이와 같이 꼭 나와 직접적인 연관이 없더라도, 여행길에서 삶에 대해서 고민하고 생각하는 시간이 많았다. 그리고 내가 생각해본 적이 없는 삶을 살고 있는 사람이 많다는 것을 보고 들으면서 나의 삶을 돌아볼 수 있었다. 동남아시아를 여행할 때의 일이다. 라오스 방비엥에서 밤늦게 오토바이를 타고 도시 외곽으로 가는데, 깜깜한 밤인데도 사람들이 무리지어 어딘가로 향하는 것

이 눈에 들어왔다. 속도를 줄이고 천천히 둘러보니, 씻을 물이 마땅치 않은 마을 사람들이 어두컴컴한 저녁시간에 개울로 나와 달빛에 의지해 목욕을 하고 있었다. 그럼에도 웃음소리는 끊이지 않았다. 그들의 표정까지는 볼 수 없었지만, 그들은 우리가 생각하는 것만큼 힘들어하거나 불편해하거나 투덜거리지 않는다. 오히려 행복하게 목욕을 즐기고 있었을 것이라 확신을 한다.

캄보디아 씨하눅빌에서는 오성급호텔 근처에 커다란 쓰레기장이 있었는데 자세히 들여다보니 쓰레기장이 아니라 사람들이 살고 있어 처음에는 너무 충격이었다. 씨하눅빌은 아름다운 바닷가를 끼고 있어 최근 고급 휴양시설도 많이 들어서있다. 하지만 그 이면에는 비가 새지 않게 지붕을 대충 얼기설기 엮고 살아가는 사람들이 있었다. 어린 아이들은 그 쓰레기더미를 뒤적거리고 있었다. 너무나 충격적인 모습이라 보면서도 믿기 어려웠다. 내가 가난한 여행자 흉내를 내고 있을 때 저들은 진짜 가난한 삶과 하루하루를 싸우고 있을지도 모르겠다.

　　남미에서는 해발 3,800m의 고산지대에 살고 있는 페루 사람들, 고지대뿐만 아니라 황량한 사막에 살고 있는 볼리비아 사람들, 그리고 파라과이에서 만난 교포들까지. 동남아시아부터 호주와 미주를 지나 유럽까지 너무 다양한 모습으로 살아가는 삶들을 목격하고 때로는 함께 하면서 삶이란 무엇인가에 대해 끊임없이 생각할 수 있었다.

　　어쩌면 내가 겪은 많은 경험이 세계여행을 꿈꾸고 계획하는 여러분들에게 동일하게 일어날 가능성은 별로 없을 것이다. 하지만 어떤 계기로든 삶에 대해 진지하게 고민하게 될 시간은 반드시 우연한 장소에서 일어날 것이다. 세계여행을 통해 나는 변해가고 있었다. 무엇보다 삶의 시각이 넓어졌고 지금 살아가는 이 삶에 감사하고, 남은 인생을 어떻게 살아갈지 진지하게 고민도 하였다. 또한 현실을 충실하게 살고, 나뿐만 아니라 다른 사람의 삶도 생각하는 계기가 되었다.

지구 끝
어디까지 가 봤어?

초등학교 4학년이 되어야 받을 수 있던 사회과부도는 저학년이
었을 때부터 빨리 갖고 싶었던 유일한 교과서였다. 나보다 두 살
많은 누나는 내가 2학년 때부터 사회과부도를 가지고 있었고, 누
나 덕분에 일찍부터 사회과부도를 뒤져가며 많은 호기심과 궁금
증을 키워나갔다.

시간이 흘러 그 사회과부도를 뒤적이던 어린 소년은, 그 교과
서보다 좀 더 큰 세계 지도를 펼쳐들었고, 어렸을 적에는 가늠
조차 할 수 없을 만큼 넓은 세상 속으로 여행을 떠날 계획을 세
웠다.

1년이라는 시간을 들여 오랜 시간 길 위에 있
었음에도, 아직도 본 것보다 보지 못한 것이
훨씬 많다. 우리가 알고 있다고 생각하는 지
구는 죽을 때까지 돌아다녀도 다 못 보겠지

만 본 것과 보지 않았다는 것은 차이가 있고, 눈으로 본 것과 몸으로 체험하는 것이 또 다를 것이다. 여러분은 지구 어디까지 가보고 싶은가? 다음 목록은 세계일주에서 보고 온 것들이다.

- ✓ 태국 시밀란섬 - 캐리비언 못지않은 세계 10대 해변
- ✓ 라오스 루앙프라방 - 도시 전체가 세계문화유산으로 지정된 곳
- ✓ 베트남 - 호이안, 훼, 호치민 등 볼거리가 가득한 나라
- ✓ 캄보디아의 씨엠립 - 신들의 도시 앙코르와트
- ✓ 인도의 캘커타 - 마더하우스(마더 테레사가 봉사하던 곳)
  - 개인적으로 인간이 정말 아름답다고 느낄 수 있던 곳
- ✓ 인도의 바라나시 - 3,000년을 흐르고 있는 갠지스 강이 흐르는 곳
- ✓ 인도의 아그라 - 타지마할이 있는 곳
- ✓ 네팔의 포카라 - 시간이 멈춘 것 같은 평온함을 얻을 수 있던 곳
- ✓ 네팔의 안나푸르나 - 설경으로 둘러싸인 ABC에 서는 것만으로도 감동을 받았던 곳
- ✓ 호주 - 캥거루와 코알라가 사는 곳
- ✓ 미국의 라스베이거스와 그랜드캐니언 - 문명과 자연의 위대함을 동시에 느낄 수 있는 곳
- ✓ 미국의 뉴욕 - 인간이 뿜어내는 열정으로 움직이는 곳
- ✓ 멕시코 툴룸 - 말이 필요 없는 캐리비언 해
- ✓ 콜롬비아의 산아구스틴 - 안데스산맥의 경이로움을 체험할 수 있는 곳

☑ 에콰도르의 적도기념관 – 적도가 지나는 나라 에콰도르

☑ 페루의 쿠스코 – 마야의 흔적 마추픽추를 만나는 곳

☑ 페루의 티티카카 호수 – 세상에서 가장 높은 호수

☑ 볼리비아의 라파즈와 데스로드투어 – 세상에서 가장 높은 곳에 위치한 달동네와 가장 위험한 길

☑ 볼리비아의 우유니 – 말이 필요 없이 아름다운 소금사막

☑ 아르헨티나와 브라질의 이구아수폭포 – 세계 3대 폭포 중의 하나

☑ 체코의 프라하 – 세계 3대 도시 중 하나

실제로 더 많은 곳을 다녔고, 더 많은 것을 보았다. 저 목록에 나열하진 않았어도, 너무나 아름다운 곳들이 많았다.

Section 04

꿈은 꾸는 것이 아니라
이루려고 노력하는 것이다

꿈은 꾸는 것뿐만 아니라 이루려고 노력하는 것이 더 중요하다고 생각한다. 세계여행은 이루지 못할 꿈이 아니다. 세계여행을 꿈꾸는 사람들이 꿈을 이루는데 힘이 될 몇 가지 문구를 정리해봤다. 당연하고 뻔한 이야기일 수도 있지만, 가장 평범한 이야기가 가장 중요하다는 사실을 기억했으면 한다.

1."길이 있어서 나선 게 아니라, 한 발을 디디니 길이 생겼다."
– 한비야의 책 내용 중에(성경 구절)

지금도 내게는 진리와도 같은 말이다. 방콕 게스트하우스에서 읽은 이 한 구절이 가슴에 너무도 와 닿았다. 나의 경우는 한 발이 바로 항공권 발권이었다. 방콕으로 가는 첫 항공권을 발권한 후부터 모든 여행 계획들이 거침없이 세워졌다. 이렇듯 사람마다 첫 걸음을 떼는 순간이 있다고 생각한다. 그 첫걸음을 지나고 나면 더 이상 어렵지 않다는 것이다. 그 두려움을 깨자. 그러면 세계

여행이라는 꿈을 현실로 이룰 수 있다.

　2. 당신은 당신의 길을 가라 – 여행작가 박준

　『On the road』라는 책으로 수많은 배낭 여행자들의 가슴에 불을 지핀 다큐멘터리 감독이자 여행작가 박준이 쓴 책『네 멋대로 행복해라』라는 책에서 작가는 이렇게 말했다.

　"당신 인생은 오로지 당신 것이다. 변하지 않은 행복과 안정된 삶은 당신이 원하는 일을 하는 데서 온다. 가슴 안에 품었던 뜨거운 불덩어리 같은 열정을 기억하는가? 청춘은 나이와 상관없다. 얼마 살지도 않는 삶, 당신은 당신의 길을 가라."

　각자 세계여행을 가고자 하는 이유는 천차만별이고 그 목적 또한 다르다. 만약 당신이 지금 세계여행을 계획 중이라면, 여행에

대해 지금 이순간에도 갈지 말지 고민하고 있다면 이 한 문장으로 가슴에 다시 불을 지피는 건 어떨까?

3. 언제나 나보다 더한 상황에 있는 사람은 있기 마련이다.

여행을 준비하다 보면 참 많은 것들이 방해가 된다. 금전적인 문제부터 언어 문제, 시간 문제, 성격 문제 등 생각할 수 있는 모든 문제들이 몇 가지씩 발을 잡는다. 하지만 언제나 나보다 더 좋지 않은 상황에 처한 사람들도 여행을 한다는 생각을 갖자.

콜롬비아에서 여행을 하는 두 청각 장애인을 만난 적이 있다. 수화와 영어 필담만 가능한 그들이 남미를 어떻게 여행하는지는 상상도 못할 것이다. 하지만 그들은 곳곳이 여행을 하고 있었다. 언제나 지금의 당신보다 그리고 나보다 상황이 안 좋은 사람도 전세계 곳곳을 누비고 있다는 것을 기억하자.

나와 너 그리고 우리 모두는
결국 하나이다

단기 여행은 잘해야 2~3개 국가, 아니면 하나의 국가나 한 도시로 한정되기 때문에 문화의 다양성을 제대로 파악하기가 쉽지 않다. 또한 장기 여행이라도 같은 문화권 내에서만 여행한다면 문화의 다양성을 알기 어려울 것이다. 1년에 한 나라씩 10년간 10개국의 다른 문화권의 국가를 여행했다 하더라도 결국 세계일주처럼 문화의 다양성을 강하게 느끼지는 못할 거라고 생각한다.

예를 들어, 동남아시아와 인도차이나를 여행하다가 갑자기 호주로 넘어가면, 잘 정리된 도시 시스템 때문에 오히려 당황스럽다. 반대로 북미를 여행하다가 갑자기 중남미로 넘어가면 상대적으로 낙후된 시스템에 많이 불편하다. 중남미 여행을 마치고 다시 유럽으로 넘어가면 어떨까? 이것은 나의 세계일주 여정이었다. 아마 세계여행을 하는 사람들 대부분이 비슷한 경험을 할 거라고 생각한다. 그리고 민족성의 차이도 느낄 수 있다. 이를 테면, 네팔 사람들은 인도와 국경을 마주하고 문화 또한 상당히 비슷하다. 하지만 네팔인들 스스로가 우리는 인도인과는 다르다라는 생각으로 살고 있다. 실제 인도인들은 여행자를 봉으로 보고 사기를 치려 하지만 네팔인들은 그렇지 않아서 여행객들이 인도인처럼 자기들을 대하면 화를 낸다.

이는 말그대로 차이일 뿐, 어느 것이 좋고 나쁘고를 얘기하는 것은 아니다. 물론 여행하는 순간에는 비교가 되고 나의 기준에서 호불호를 가리겠지만, 좀 더 깊게 들여다보면 역사상 문명의 발생지이자 비단길의 한 축이었던 인도는 오래 전부터 상업활동이 활발했으므로 그들에게 흥정은 자연스러운 문화이며 민족성일 수밖에 없다. 어리숙한 사람에게 비싸게 팔아 많이 남기는 것이 뭐가 잘못이냐라고 생각할 수도 있다는 말이다. 이는 그들과 나의 차이를 이해하려고 노력하면서 비로소 알게 된 마음자세이다.

다른 예로, 여러 국가의 친구들을 만나면서 가장 먼저 맞춰보는 것이 그들의 발음을 들으면서 출신국가를 파악하는 것이다. 영국, 미국, 독일, 프랑스, 러시아, 스페인, 일본, 태국, 호주, 한국 등 같은 영어를 사용하더라도 서로 발음 차이가 분명히 있었다. 그것이 귀에 들어오니 이제 조금씩 나라별 특징도 보이기 시작했다. 영국은 보통 인사할 때 먼저 'I'm ○○○'이라고 시원하게 시작한다. 반면 미국인은 먼저 인사를 하지 않는 경우가 많다. 콧대가 높다고 해야 할까?

독일이나 프랑스 등 유럽쪽 친구들은 눈이 마주치면 보통 먼저 인사를 했다. 술을 먹을 때는 영국 친구들은 대부분 주당으로 엄청나게 먹어대고 반면 독일이나 프랑스 친구들은 적당히 먹다가 그만둔다. 미국 친구들은 보통 술자리에서도 잘 어울리지 못했고 일본 친구들은 어지간해서는 영어로 대화에 껴들지 않아 소외되는 경우가 많았다. 물론, 모든 행동은 국가가 아니라 사람에 따라 다른 것이지만, 한 민족의 성격이나 행동에는 어느 정도 평균치라는 것이 있어, 공통된 특성을 보이게 되는 것 같다. 이 역시도 여행을 통해 다양한 친구들을 많이 만나보면서 느낄 수 있었다.

다양한 국가의 친구들과 이야기를 나눌 때 그들에게 우리 민족과 문화를 알리며, 그들의 이야기를 듣고 이해하려고 노력함으로써 세계인으로서 성장할 수 있었다. 이렇게 세계여행을 통해 나와 너, 그리고 우리를 발견하며 어렵지 않게 하나가 될 수 있다.

한국, 한국인,
그리고 한민족을 느끼다

여행을 하면서 만났었는지조차 기억하지 못할 만큼 많은 외국인들을 만났다. 서로가 여행자라는 이름으로 금세 친구가 되었고, 어떤 친구와는 마음이 잘 맞아서 첫 만남에도 많은 이야기를 나누었다. 보통 노래부터 영화나 운동 등 가볍고 모두가 공감할 수 있는 이야기로 시작하지만 때로는 사회적 문제나 이슈를 이야기하는 경우도 많다. 이러한 대화들을 통해 개개인의 성격을 알 수도 있지만, 때로는 그 나라와 사람들, 심지어 그 민족 전체를 평가하는 경우도 많았다.

베트남에서 프랑스 친구 샬롯과 독일 친구 파스칼과 같이 다닐 때였다. 장난꾸러기 파스칼은 늘 샬롯의 발음을 가지고 놀려댔다. 프랑스 특유의 발음이 샬롯의 영어 발음에서도 묻어 나와 영어를 해도 프랑스어 같이 들리는 것을 놀리는 건데, 한 번은 파스칼이 샬롯에게 이렇게 이야기를 했다.

"멍청한 프랑스인들은 늘 프랑스어가 최고라며 다른 언어는 배우려고 하지도 않지. 정말 이해가 안 돼."

그러자 샬롯이 기죽지 않고 맞받아쳤다.

"멍청한 독일인들은 그래서 그렇게 영어를 잘하냐? 독일어를 하는지 영어를 하는지 못 알아듣겠어."

그러자 두 친구가 나한테 판단을 유보한다.

"음. 잘 모르겠는데, 파스칼 일단 너도 독일인 특유의 발음이 남아있고, 샬롯 미안한데, 적어도 내가 만난 사람들을 보면 독일인이 프랑스인들보다는 영어를 잘했던 것 같아."

서로가 각자의 입장으로 이야기를 하지만, 그런 것들 하나하나가 그 나라와 사람, 그리고 민족에 대한 평가가 돼 버린다. 그렇다면 외국인들이 한국인을 평가하는 것을 몇 가지 예로 들겠다.

1. 한국인들은 정말 강하다. 네팔의 안나푸르나를 오를 때, 보통 5박 6일이나 6박 7일 코스로 산을 오른다. 다른 여행자들과 달리 단기간에 등반을 끝내는 한국인들은 체력이 대단하다고 많은 네팔인들이 이야기를 했다.

2. 한국 사람들은 정말 영어를 잘해. 일본 여행자들은 영어 발음이 좋은 한국인이 이야기하면 늘 한국 사람들은 영어를 잘한다고 한다. 실상 문법이나 문장 구성 등은 일본 사람이 훨씬 좋은 능력을 가지고 있으면서도 말이다!

3. 한국 남자들은 정말 친절해. 한류 드라마에 영향을 받은 일본 여성 여행자들은 늘 이렇게 말하곤 하였다. 과자 봉지를 뜯어주거나, 맥주병을 따 주는 것만으로도 말이다!

4. 왜 한국인들은 영어로 말하는 것을 부끄러워하지? 한국에서 영어 강사까지 해보았다는 영국 친구가 말한 가장 현실적이고 직접적인 이야기이다.

5. 너무 복잡하고 정신없는 나라 야. 베트남에서 만난 이탈리아인 예술가 할아버지. 80년대 후반에 방문한 서울을 회상하며 한 이야기 이다.

6. 사람들이 너무나 빨라. 머가 그리 급한지. 한국을 방문했던 파라과이 교포들이 한 이야기.

7. 술고래들. 여행지에 서 늘 술을 달고 사는 한국인들을 많이 봤다며 핀란드 친구가 한 말.

이 밖에도 너무나 많은 이야기를 들을 수 있었다. 무엇보다 가장 많은 부분을 차지하는 한국 이야기는 북한이었다. 북한에 대한 이야기는 항상 한국인인 내가 있는 자리에서는 빼놓을 수 없는 주제 중에 하나였고, 심지어 어떨 때는 저녁시간 대부분을 그것에 대해서만 이야기할 정도로 메인 주제가 될 때도 있었다. 그 만큼 국제사회에서 남한은 북한과 뗄려야 뗄 수 없는 중요한 관계라는 것을 인식하게 되었다.

내가 생각했던 것보다 더 심각하게 다른 나라 사람들은 남북관계를 걱정하고 있었다. 그들과 이야기하다 보니 나 역시 북한과의 관계를 다시 생각해보게 되었는데, 공교롭게도 내가 여행하던 중에 천안함 사건이 일어나 북한과의 관계를 타지에서 보고 듣고 생각할 기회가 되었다. 전쟁이 나면 한국에 갈 거냐고 묻는 친구가 대부분이었을 정도로 천안함 사건을 북한과의 준전시 상황으로 받아들이고 있었다. 한국에서는 분위기가 어땠는지 잘 모르지만 내가 호주에서 느낀 것은 어쩌면 진짜 전쟁이 일어날 수도 있겠다 였다.

한류를 남미 최빈국 중에 하나인 볼리비아에서 만났던 적도 있었다. 무작정 들린 식당에서 겨울 연가가 방영되고 있었으며, 버스 정류장에서 한국에서 왔다고 하니 "배용준?"하며 아는 척을 하는 것이다. 얼마 전 유럽에서 한국 가요 콘서트를 하루 더 연장해 달라며 시위를 했다는 뉴스까지 나오는 것을 보면 한류가 참으로 대단한 사건임에 틀림이 없다.

　세계 어디에서든 한국, 한국인, 그리고 한민족은 늘 내게 거대
한 감동의 대상이었다. 아무 대가도 없이 밥을 주시던 파라과이의
어머님과 단지 호주에서 몇 개월 같이 지냈던 것뿐인데 여행 잘하
라며 자금을 보태주신 사장님, 한국말이 그리웠던 미국 이모, 무
뚝뚝하지만 늘 저녁상을 맛나게 차려주던 에콰도르의 사장님 등
강인한 정신력과 특유의 성
실함 그리고 뗄려야 뗄
수 없는 한국인의 정으로
살아가는 그들이 있기에
나의 여행은 더 감동일 수
있었다. 세계여행을 통해
한국인의 위대함과 한국의
힘과 그리고 한민족에 대한
감동까지 전부 느낄 수 있
었다.

Theme 03

세계여행을 준비하는 사람들에게
꼭 하고 싶은 조언

노르웨이

핀란드

스웨덴

폴란드

독일

이탈리아

Section 01

나는
대한민국의 1%이다

아마 여행을 준비하면서 가장 고민했던 것 중에 하나가 불확실한 미래에 대한 걱정일 것이다. 지금 직장생활을 하면서 안정적인 수입도 들어오고, 또 어느 정도 자리도 잡아서 이제 곧 진급할 수 있을 것 같은데, 여행을 갔다가 돌아오면 직장도 다시 구해야 하고, 지금보다 더 좋은 직장에 다닐 수 있을지도 모르겠고 등등 바로 불확실한 미래에 대한 고민 말이다. 학생들의 경우는 돌아오면 친구들은 모두 취직반이 되어서 내겐 없는 좋은 조건, 어학이나 여러 자격증을 가지고 있을 텐데라는 고민을 할 수 있을 것이다.

여행을 하는 시간만큼 다른 곳에 투자하면 사회가 원하는 자격증이나 증명서를 취득할 수도 있겠지만, 어차피 불투명한 미래라면, 남들보다 1년 늦어진다고 하더라도 그건 사회가 원하는 상대적 비교이므로 결코 늦다 빠르다를 얘기할 수 없는 것이라고 본다. 실제 여행하는 동안 만난 수많은 친구들 중에는 화려한 이력을 가진 사람들이 많았다. IBM에서 10년차 엔지니어를 했던 사람, 노키아에서 10년간 일한 사람, 소니와 파나소닉에서 각각 5년을 일했던 사람, 일본 최대 여행사에서 신 루트 개척자로 10년 넘게 일해온 사람, 항공사 스튜어디스, 학교 선생님, 중소기업 사장님까지 정말 각양각색의 사람들이었다.

우리가 성공했다고 생각할 수도 있는 이 사람들이 그 모든 것을 내려놓고 여행을 나섰을 때, 분명 그들도 다가올 불투명한 미래에 대해 많은 시간을 고민했을 것이다. 하지만 그들은 결국 여행을 선택했고 지금은 다시 제자리로 돌아가 그 일을 하거나 다른 일을

새롭게 시작했을 것이다. 여행 중에 만난 한 친구는 '인생에는 이쪽 길도 있고 저쪽 길도 있어서 이곳저곳 다 다니면서 길을 충분히 돌아다녀보고 나중에 늦더라도 목적지에만 도착하면 된다.'는 이야기를 해주었다.

　누군가 나를 대한민국 1%라고 하였다. 사실 여행은 내게 크게 자랑할 만한 일은 아니었다. 그래서 여행을 마치고 돌아온 지금도 예전과 다를 바 없는 삶을 살고 있다. 세계여행을 다녀왔다고 세상 사람들이 알아주는 것도 아니고, 국가에서 환영행사를 해준 것도 아니다. 그저 평범한 사람의 아주 조금 특별한 이야기일 뿐일지도 모른다. 하지만 심적으로는 세상에 대한 시각이나 이해하는 마음이 넓어졌고, 확실히 삶을 좀 더 여유롭게 바라볼 수 있게 되었다.

　이러한 이유로 처음에는 그다지 특별할 것이 없다고 생각했는데, 가만히 생각해보면 대한민국 1%가 맞는 것 같다. 나처럼 세계를 여행하고 돌아온 사람들이 얼마나 있을까? 여행을 마치고 다시 평범한 직장생활로 돌아온 지금 미래가 불투명하긴 마찬가지만, 그래도 뭔가 인생에서 이루고자 했던 꿈을 실현했고, 그 수많은 값진 경험들이 내 삶을 좀 더 풍요롭게 만들어 주고 있다고 생각한다.

두려움과 겁이 난다?
그럼 간절히 원하지 않기 때문이다

여행을 하면서 블로깅을 했었다. 그 블로그의 대문에 볼리비아의 우유니사막(소금사막)을 가로지르는 한 대의 트럭을 찍은 사진과 함께, '겁이 난다는 것은 간절히 원하지 않기 때문입니다.'라는 글귀를 적어두었다. 이 글귀를 대문에 걸어둔 것은 내가 여행을 결심하게 된 가장 결정적인 글귀 중에 하나였기 때문이다.

여행을 가기 전에 많은 고민을 하고 있을 때, 이 글귀를 읽는 순간 모든 것이 정리가 되었다. 스스로 이 여행을 정말 간절히 원한다고 생각했는데, 두려움이 여전히 있었던 걸 보면 내가 정말 간절히 원하지 않았나 보다 하는 생각이 들었다. 그리고 이 일을 계기로 여행 준비에 박차를 가할 수 있었다.

한국을 떠나는 순간에도, 그리고 여행을 하는 내내 늘 새로운 곳을 향해 가야 하는 내게 두려움보다 기대감과 희망이 생겼던 것은 역시 이 글귀가 늘 마음속에 있었기 때문이었다. 아주 짧은 문장임에도 이 글귀가 너무나 강렬하게 가슴에 와 닿는 이유는 어쩌면 늘 흔들릴 수밖에 없는 나약한 인간의 마음을 알고 정곡을 찌르고 있기 때문이라고 생각한다.

여행길에 한국 사람들을 가끔 만나서 이야기하다가 이 문장을 이야기해 준적이 몇 번 있었다. 그들의 상황이 어떤 상황인지는 모르지만, 나의 경우 이러저러해서 고민하다가 내 마음을 울린 이 한 문장이 있었다며 이 글귀를 그들에게 알려주었다. 많은 친구들이 나의 생각에 동감하며 그들의 상황에 이 글귀를 빗대어 다시 마음을 다 잡는 계기가 되었을 것이다.

앞서 언급한 것처럼 불투명한 미래에 대한 걱정을 덜 수 있게 되었다면, 이제는 마음을 다잡기 위해 정말 간절히 원하는 것에 대해 더 집중하기 바란다.

나에 대한 투자는
최고의 가치를 창출한다

중학교 때 사회시간에 기회비용이란 단어를 배웠던 게 기억난다. 두 가지 중에 한 가지를 선택하게 됨으로써 선택하지 않은 것에 대한 가치를 이르는 말이 기회비용이다. 이 기회비용은 놀랍게도 살면서 대부분의 순간에 만나게 된다. 삶은 어차피 선택의 연속이기 때문이다. 내가 가진 여유 자금을 어디에 투자해야 할지, 또는 어떤 상품을 구입해야 할지 등 상당히 많은 부분에서 우리 생활과 밀접하게 연관되어 있다. 이 기회비용은 내가 여행을 결심할 때도 마찬가지였다.

여행을 하지 않고 돈을 모았다면 그 돈으로 할 수 있는 것들은 무엇이 있을까? 예를 들면, 여자 친구와 결혼을 할 수도 있고, 돈을 수익상품에 투자해 더 많이 불릴 수도 있었다. 이만큼의 돈을 다시 모아 결혼하려면 얼마큼의 시간이 더 필요할지 생각해야 했고, 여행하는 동안 떠나 있을 직업에 대한 경력도 생각했다. 결과적으로 이 모든 문제들에 대해서 자신 있게 이야기할 수 있는 건,

1년간 여행하면서 투자했던 금액과는 비교도 할 수 없을 만큼의 가치를 여행이 만들어 냈다는 것이다.

학교에 앉아서는 배울 수 없는, 책으로 혹은 다른 여행자들의 경험담을 통해서도 절대 알 수 없는 나만의 소중한 배움들이 내가 투자한 그깟 몇 푼과 비교가 되지 않을 정도로 많은 가치를 창출해 냈다. 아니 앞으로도 계속 창출해 낼 것이다. 그런 면에서 나의 여행을 생각하면 고민했던 기회비용은 전혀 아깝지 않았다.

장기 여행을 앞두고 내가 그랬던 것처럼 이 모두가 하나하나 고민이 충분히 될 수 있다고 생각한다. 조금은 이기주의적일 수도 있지만, 어차피 여행 자체가 '나'만 생각하는 것이다. 조금 더 확장된 '나'만을 위한 생각을 가져보자. 그렇게 나만을 위한 투자가 그 투자 대비 더 높은 가치를 창출할 수 있을 뿐더러 훗날 나뿐만 아니라 모든 사람을 위해 유용하게 쓰일 수 있음을 생각하자.

하지 말라는 건 하지 말고,
가지 말라는 곳은 가지말자

여행을 시작하는 순간부터 한국에 다시 도착하던 날까지 머릿속에 늘 가지고 있었던 신념 하나가 있었다.

'위험한 것은 절대 하지 말자.'

수많은 다짐들 중에 이것을 으뜸으로 꼽은 이유는 나를 위해 떠난 여행이기 때문에 나라는 존재가 모든 것을 통틀어 가장 중요할 수밖에 없었다. 배낭도, 돈도, 신용카드도, 여권도 다 잃어버려도 상관없지만 나를 상하게 하거나 해치는 것은 절대 안 된다.

나는 늘 내가 세상에서 가장 평범한 여행자라고 생각했다. 다른 여행자들과 이야기를 하다 보면 모두들 여행을 떠난 멋진 이유가 있었고, 멋진 꿈이 있었다. 여행에 대한 포부도 컸다. 다들 험난한 여행을 경험했고, 특별한 경험을 했다. 하지만 나에게 특별한

경험이라곤 조금 특별한 사람들을 만났고, 스스로 특별한 장소라고 생각되는 곳에 간 것뿐이다. 그들이 이야기하는 화려한 여행담에 비하면 나의 경우 특별할 것이 전혀 없다. 어떤 이들이 자랑스레 이야기한, 아름답지만 위험한 곳에 가지 않은 이유는 사실 두렵고 겁이 났기 때문이었다.

예를 들면, 볼리비아에 체 게바라 무덤이 있는 지역을 가려고 했었다. 하지만 거기를 가려면 몇 번의 버스를 갈아타고 들어가야 한다고 했다. 투어로도 다녀올 수 있지만, 그렇지 않다면 혼자서 찾아가야 한다고 했다. 가는 길이 만만치 않고, 또 이곳은 치안문제가 대두되는 남미이고, 함께 할 동행도 없었다. 볼리비아에서 만난 동행이라고는 숙소에서 잠깐 만난 친구들뿐이고, 그 누구도 나와 여정이 같지 않았다. 그러니 가고 싶어도 포기할 수밖에 없었다. 왜냐하면 위험하니까. 단지 그 이유였다.

　　꼭 가지 않아도 앞으로 볼 수 있는 것은 더 많을 것이라 생각했
다. 위험을 감수하고 그곳을 가느니 몸 건강히 다른 곳을 더 많이
돌아봐야겠다는게 정확한 포기 이유였다. 그래도 후회하지 않는
것은 어느 정도 계획한대로 보고 싶은 것들을 많이 보았고 느꼈다
고 생각하기 때문이다. 그만큼 난 아주 평범한 여행자다. 위험을
감수하는 여행은 피하는 평범한 여행자. 여행을 하는 중간에도 끝
난 후에도 여행을 시작하는 친구들이 있으면 다른 무엇보다 항상
안전에 대해서 당부를 해주었다.

　　하지 말라는 것은 하지 말고, 가지 말라는 곳은 가지말자. 아무
리 화려하고 즐거운 여행도, 어마어마한 여행담도 무엇보다 당신이
없으면 아무것도 아니기 때문이다.

자기와의 약속,
초심을 잃지 말자

많은 사람들이 여행을 하고 다시 원래의 생활로 돌아간다. 여행을 하는 동안 장단기 여행을 나선 사람과 어학연수를 나온 사람들을 매우 많이 만났고 많은 이야기를 나누었다. 하지만 가끔 그들 스스로도 왜 자신이 여기에 있는지를 잊고 다른 생활을 하는 사람도 있었다.

어학연수를 목적으로 나온 사람들은 그래도 다니는 학원이나 학교라도 있어서 다행이지만 워킹홀리데이 같이 일하면서 공부도 하고 놀기도 하는 목적으로 나온 사람은 당장 어떤 계획도 없이 몇 날 며칠, 길게는 몇 달 동안 그냥 놀기만 한다. 일을 구해야 한다고 말은 하면서도 구하려고 노력하지 않거나 학원을 다닐 거라면서 알아보지도 않거나 학원을 조금 다니다가 결국 수중의 돈이 다 떨어져 원래의 목적도 잃고 아무것도 이루지 못한 채 한국으로 되돌아가는 친구들을 너무나 많이 보았다. 그런 친구들 대부분은 항상 걱정만 하면서 많은 시간을 허비한다.

　이것은 여행자도 마찬가지다. 여행은 누군가 일탈이라고 표현한 것처럼, 평소와 다른 생활의 연속이다. 자고 싶은 만큼 자고, 놀고 싶은 만큼 논다. 모든 시간을 자기가 스스로 관리하는 것이라, 일 상생활에서 탈출한다는 표현을 쓰는 것이다. 하지만 너무 관리하지 않고 지내다 보면 다음 목적지는 잊은 채 한곳에서 내내 놀기만 하다가 돌아가 버리는 경우도 있다. 한곳에서 오래 머무는 게 잘못됐다는 것이 아니라, 매일 밤문화만 즐기고 오후에는 내내 자고 그러다 돈 떨어졌다고 돌아가거나 우연히 접한 마약에 빠져 헤어 나오지 못하는 경우를 말하는 것이다. 그래서 늘 만나는 많은 친구들마다 초심을 지키라는 이야기를 꼭 해주었다.

어학연수든 장기여행이든 둘다 마라톤을 하는 것과 같다. 잠시 천천히 달릴 수도 있고, 목마를 땐 잠시 쉬면서 목을 축일 순 있지만, 너무 오래 머물거나 쳐지는 말아야 한다. 내 경우도 마음 같아서는 한곳에 계속 머무르고 싶었을 때가 많았다. 하지만 스스로 다독여서 계속 앞으로 나갈 수 있었던 것은 바로 '초심을 잃지 말자'는 스스로에 대한 주문 때문이었다. 중간에 돌아가는 일은 죽어도 못하겠으니 돈이 없으면 없는 대로 무조건 지구는 한 바퀴 돌아본다는 마음이었다. 그것이 나의 초심이었다.

가끔 여행이 생활이 되고, 반복되는 여행 매너리즘에 빠져 헤매게 될 때는, 계획했던 루트를 전부 버리고 완전히 다른 곳으로 최대한 빨리 떠나는 것이 가장 좋은 방법이었다. 완전히 낯선 곳에서 새로운 사람들을 만나면 다시 여행에 대한 초심을 회복할 수 있기 때문이다. 사람마다 초심을 지키는 방법은 다르겠지만 장기여행 중에는 꼭 지켜야 한다는 것을 잊지 말아야 할 것이다.

때론 가난하게,
때론 부유하게

태국에서 시작해 동남아 여행을 마치고 다시 태국으로 돌아왔을 때, 우연히 대학 동기와 만났다. 나보다 조금 늦게 시작한 녀석의 여행은 나와 비슷한 루트를 좀 더 빨리 돌아볼 계획이었기에 금세 나를 따라잡았다. 녀석의 몰골은 나보다 더 꼬질꼬질했다. 그놈을 보는 순간, '아, 이 녀석 나보다 더 지독하게 사는구나.'라는 생각이 들었다.

여행을 시작하기 전부터 자기는 진짜 돈이 없다며 완전 거지 같이 살 것 같다던 녀석의 말에 설마 했는데 행색만 봐도 그의 여행이 느껴질 정도였으니 정말 지독하게 여행하고 있었다. 한 번은 둘이 시내를 나갔다. 시내 중심가에 있는 커다란 쇼핑몰에 잠시 들어가 땀도 식힐 겸 돌아보기도 할 겸 검사검사 돌아보는데 배가 무척 고팠다. 점심이나 먹자며 내려간 식당 코너에서 둘이서 30분을 계속 빙글빙글 돌아야 했다. 보통 15~20바트면 한 끼를 해결할 수 있었는데, 여기는 기본이 80~100바트라 도저히 사먹을 수 없었다. 결국 우리는 겨우 햄버거 하나를 반으로 가르고 감자튀김 없이 콜라 하나만 시켜 나눠먹었다. 먹으면서도 서로가 웃기기도 하고 불쌍하기도 해서 한참 배꼽을 잡고 웃었다.

　그 이후 절대 다시 그렇게 하지 않는다. 가난해도 가끔, 한 번쯤은 맛있는 거 먹는데 돈을 아끼지 말자라는 생각을 했기 때문이다. 먹는 것뿐만 아니라, 작은 액세서리를 사거나 혹은 음식을 다른 이에게 대접할 때도 돈을 너무 아끼려고만 하지 않았다. 내가 쓰는 돈이 액세서리를 파는 페루의 원주민에게는, 또 내 음식을 나누어 먹는 인도의 어린이들에게는 그들을 위한 보탬이 된다는 생각이 들었기 때문이다. 무조건 안 먹고, 안 쓰는 것이 답은 아니다.

외로울 때는 외롭다고,
그리울 때는 그립다고 말하자

멕시코에 있을 때 내 생일이 돌아왔다. 한국에 있을 때도 굳이 나서서 생일을 챙기지는 않았지만, 저녁에 부모님과 국제전화를 하는데 갑자기 울컥했다. 거창하게 어떤 것을 생각하진 않았지만 생일 축하한다는 한마디가 그리웠다. 정확히 나에 대한 관심이 필요했던 것이었다. 다행히 같은 방을 쓰던 친구들이 알게 돼서 조촐한 파티를 열어주었지만, 처음으로 무척이나 누군가가 그립다는 생각이 들었다.

볼리비아에서 음식을 잘못 먹고 무려 3일간이나 침대에 기절해 있던 때는 이틀째 되던 날 침대에서 일어나지도 못하고, 누군가 무척이나 그리웠다. 다행히 타이밍 좋게 들어온 아르헨티나 친구가 위로를 해주었다. 또 여행의 마지막 날, 체코에서 하필 숙소에 아무도 없어 여행의 마지막을 축하해줄 사람이 없어서 무척 아쉬웠지만, 우

연히 길에서 만난 어느 여행자가 위로가 되었다. 미국에 있을 때는 집에 사고가 난 오스트리아 친구를 곁에서 내가 위로해주기도 했다.

이처럼 여행 중에 한 번쯤은 누구나 외로움에 사무치는 순간이 있다. 그 순간에 그 외로움을 나눌 수 있는 방법은 주변 사람들과 어울리는 것밖에 없다. 다행히 모두가 다 여행자고 다 외로운 사람들이라 그 감정을 잘 다독여 준다. 그리울 땐 그립다고, 외로울 땐 외롭다고 말하는 게 그 그리움을, 외로움을 이겨낼 수 있는 가장 좋은 방법이다. 한국의 가족에게는 나의 지금 상황이 어쨌든 늘 잘 지내는 모습을 보여줘야 한다고 생각하지만, 가끔 힘들면 힘들다고, 보고 싶으면 보고 싶다고 말해보자. 가족은 언제나 최고의 위로가 되어줄 것이다.

문화의 상대성을 이해하는
당신은 지구인

　여행을 하기 전이나 후나 많은 여행자들의 책을 읽었었다. 그것이 국내든 해외든 어디든 상관없이 내가 하지 못하고 가지 못한 곳에 대한 이야기를 읽으면서 그곳을 상상하면서 즐겼다. 그리고 나도 언젠가 여행할 것이라고 기대를 하기도 했다. 책을 읽다 보면 처음 여행할 때 일어날 수 있는 일에 대해 조언을 하거나 아쉬워하는 대목이 많은데, 그 중 하나가 현지인의 초대를 받고 갈등하다가 결국 가지 못했다는 내용이다. 나 역시 그 책을 보면서 그런 후회를 하지 말아야지 했지만, 정작 실제 그런 상황이 왔을 때 혼자 고민하다 결국 나 또한 거절한 경우가 많았다.

　베트남의 호이안에 있을 때였다. 자전거를 타고 동네를 구경하다가 잠시 쉬려고 앉아 있을 때 맞은편 집의 할아버지가 컵에 물을 떠서 마시라고 건네주었다. 순수한 호의로 받아 마시고 감사 인사를 했으면 좋으련만, 혹시나 하는 생각에 거절하고 말았다. 그런데 이번에는 자기네 집에 가자고 하신다. 더운데 가서 조금 쉬었다

가라고 하는 것이다. 모든 것이 진심에서 우러나는 행동이었을 텐데, 진심을 의심할 수밖에 없는 내 마음이 부끄러웠다.

베트남에서 호의를 의심했던 것을 기억하며, 네팔에서는 집으로 초대해준 친구를 따라 나선 것은 여행하는 내내 더 이상 같은 일로 후회하지 않고 싶었기 때문이다. 그렇게 조금씩 한국인에서 지구인이 돼가고 있었다. 지구인으로 변하는 과정에서 중요한 것이 문화의 상대성을 이해하려고 노력하는 것이다. 나라별로 다른 민족성과 문화는 때로는 강한 거부감을 들게 한다. 평생 내가 배우고 자란 문화와는 전혀 다른 것이니 어찌 이질감이 안 들겠는가? 하지만 그들의 문화 역시 나와 같이 그들이 평생 배우고 익힌 문화라는 것을 이해하려고 노력하는 순간, 비로소 변화가 시작된다.

인도에 막 도착해서 현지 식당에 들어가 카레를 주문하고 기다리는데, 한 인도인이 들어와 내 옆자리에 앉아 같은 것을 주문했

다. 마침 음식이 같이 나와 식사를 함께 하는 모양새가 되었는데, 능숙하게 손가락으로 카레를 살짝살짝 비벼가며 맛있게 먹는다. 어느 정도 알고 있던 모습이지만 정작 바로 앞에서 보니 약간 거부감이 들었다. 하지만 주위를 둘러보니 그 식당에서 오직 나만 숟가락으로 밥을 먹고 있었다.

어린 아이와 함께 온 옆 테이블 아저씨도 아이들에게 손을 깨끗이 씻는 것부터 가르치며 손으로 카레를 맛있게 먹고 있다. 순간 그들에게는 숟가락으로 먹는 내가 이상하게 보일 거라는 생각이 들었다. 결국 나도 슬그머니 숟가락을 놓고 조용히 손을 씻고 와서 카레를 손으로 비벼먹기 시작했다. 그제야 아주 조금이지만 그들의 문화를 이해하려고 했다는 생각이 들었다. 로마에 가면 로마법을 따르라는 것처럼, 어느 곳이던 그 나라의 문화와 민족성을 이해하려고 노력할 때 그들이 좀 더 친근하고 가깝게 보이기 시작한다.

다람살라(맥그로드간즈)

델리

아그라

포카라(안나프르나)

카트만두

바라나시

캘거타

인천국제공항

치앙콩
하노이
루앙프라방
치앙마이
방비엥
비엔티안
훼
방콕
씨엠립
달랏
나짱
시하눅빌
프놈펜
호치민
푸켓
쿠알라룸프르

Episode 01

첫날부터 공항에서
노숙을 하다

그렇게 기다리던 날이 왔음에도 비행기 출발 시간이 저녁이라 느지막이 잠자리에서 일어났다. 오늘은 잠을 제대로 못 잘 것 같아 더욱 늦장을 부렸다. 어제까지 열심히 정리해둔 내 방을 마지막으로 한 번 더 정리하고, 짐을 빼낸 후 방을 온통 비닐로 덮어뒀다. 한동안 못 먹게 될 집밥을 맛있게 먹고 길을 나섰다.

출발 시간보다 조금 일찍 공항에 도착했다. 가을바람이 쌀쌀하기도 했지만, 오랜 시간을 길에서 혼자 보내야 한다는 생각에 몸이 떨려왔다. '두려움인가?' 괜스레 챙겨온 짐을 한 번 더 만져보고, 잠바 지퍼를 목 끝까지 끌어올렸다. 가족, 친구와 아쉬운 이별을 하고, 시간의 여유가 있었지만 곧바로 출국심사장으로 향했다. 어차피 혼자라는 것에 익숙해져야 한다면, 조금이라도 일찍 적응해야지 하는 마음 때문이었다.

탑승구 게이트에 멍하니 앉아 있자니 순간순간 억눌렀던 생각

들이 고개를 쳐들었다. '지금이라도 돌아갈까? 잘 다니던 회사를
괜히 때려 치운 건 아닐까? 여행 후엔 뭐해 먹고 살지?' 오랜 여행
준비기간 동안 수없이 했던 고민이었는데 그때마다 스스로 잘 다
스려 왔다고 생각했다. 그런데 이제 막 출발하려는 탑승구 앞에서
잠깐 약해진 내 마음을 틈타 이렇게 또 고개를 들이미는 것이다.
머리를 세차게 가로저으며 탑승구로 향했다.

　비행기에 오른 후 안전벨트를 채우는 순간, 이상하리만치 마음
이 평온해진다. 오랜 시간 기다려 온 설렘을 경험하는 순간이었다.
참으로 변덕스럽다. 불과 몇 분 전만 해도 혼란스럽던 마음이 어
찌 이렇게 순식간에 사라질 수 있단 말인가? 긴 호흡을 내쉬고 눈
을 살짝 감았다. 깜박 잠이 든 듯한데 태국 수완나품공항^{Suvarnabhumi}
^{Airport}에 도착했다. 졸린 눈을 비벼가며 공항 입국 심사를 받고 나오

니 새벽 2시다. 이 시간에 무리해서 이동하는 것보다 공항에서 날이 밝을 때까지 기다렸다가 움직이는 것이 좋을 듯했다. 그러려면 이제부터 잠을 잘 곳을 찾아야 한다.

배낭을 앞뒤로 둘러메고 공항을 둘러보았다. 1층에 내려가니 여기저기 잠을 자고 있는 사람들이 눈에 보였다. 나도 한구석에 있는 의자에 자리를 잡고, 배낭을 의자에 묶은 다음 보조 가방을 베개 삼아 잠을 청했다. 원래 어디서든 잘 자는 성격이라 곧 다시 잠에 빠져들었다. 하지만 냉방시설이 너무 잘 된 탓인지 한기 때문에 잠에서 깼다. 긴 소매 옷을 꺼내 입고, 주위를 둘러보니 다들 침낭을 머리까지 덮고 자고 있다. 다시 자려고 누우니 침대 같던 의자가 무척 불편하게 느껴진다. 짐을 들고 다시 자리를 찾다가 2층에서 푹신한 의자를 발견했다. 앉아

서 엉덩이를 쭈욱 빼니 1층 의자와
는 비교도 안 될 정도로 편안했다.
다시 깊은 잠에 빠져들었다. 날이
밝아오자, 조용하던 공항이 조금씩
활기를 띄기 시작했다. 분주히 청소
를 하는 직원들, 첫 비행기편을 기
다리던 승객들 사이를 지나 화장실
을 찾아 세수를 했다. 그렇게 여행
의 첫날밤을 태국 공항에서 보냈다.
앞으로 지낼 수많은 날을 생각하면
이 정도는 아무것도 아니겠지.

치앙마이 둘러보기

방콕여행사에서 운영하는 버스를 타고 12시간을 북쪽으로 달리면, 옛 태국의 수도였던 치앙마이^{Chiang Mai}에 도착한다. 보통 저녁 7시에 출발해서 다음날 아침에 도착하는 일정이 일반적이라 나도 심야버스를 예약하여 탑승했다. 조금이라도 편하게 가려고 다리를 펼 수 있는 곳을 찾아 보았다. 버스 내에는 일층과 이층을 연결하는 계단이 버스 중간쯤에 있는데, 이 계단 바로 뒷자리에 앉으면 다리를 쭉 펼 수 있어 편하다. 더운 나라답게 에어컨만큼은 한기가 느껴질 정도로 틀어줘서 미리 준비해 온 긴 소매 옷을 꺼내 입고, 버스에서 제공하는 담요도 덮었다. 버스가 터미널을 출발하자 얼마 있지 않아 잠에 빠져들었다.

다음날 오전에 도착한 치앙마이에서 여기저기 기웃거리며 찾은 숙소는 인터넷과 아침식사를 제공하는 조건으로 하루 비용이 170바트라 했다. 방콕에 있을 때 100바트에 도미토리를 사용한 것에 비하면 170바트 비용의 개인 방은 충분히 매력이 있었다. 3일 이상

묵을 예정이니 할인해달라고 얘기를 해봤다. 주인은 시큰둥한 표정으로 그럼 150바트만 내라고 한다. 나는 승낙했고 싱거운 흥정이 돼 버렸다. 방을 배정받자마자 짐을 대충 던져놓고 카메라만 챙겨서 밖으로 나왔다. 불교국가답게 도시 전체가 사원으로 가득하다. 너무 많아 전부 둘러보는 것은 포기하고, 상징적인 몇 군데만 골라서 보기로 했다. 같은 사원임에도 방콕에서 보던 것과는 또 다른 느낌이다.

치앙마이는 태국의 옛 수도였음을 도심 곳곳에서 발견할 수 있었다. 구시가지 중심에는 붉은 벽돌로 쌓은 성벽과 이를 둘러싸고 있는 해자가 지금도 보존되어 있는데, 이는 12~13세기 버마(지금의 미얀마)의 위협으로부터 왕궁을 보호하기 위해 쌓은 것이라고 한다. 성 내의 모든 건물은 오래된 도시답게 현대식 빌딩이 아닌 낮은 형태의 예스러운 건물이다.

치앙마이에 머무는 동안에는 주로 걸어서 시내를 돌아보거나 오토바이를 빌려 타고 서쪽으로는 왓프라탓 도이수텝^{Wat Phrathat Doi Suthep}과 도이뿌이^{Doi Pui}, 동쪽으로는 싼깜팽^{Sankamphaeng} 온천까지 부지런히 돌아다녔다. 치앙마이 시내 전체를 내려다 볼 수 있다는 도이수텝은 부처님의 진신사리를 모신 절이라서 많은 여행자들이 찾는다. 하지만 산 정상에 지어진 탓에 사원에 가려면 290여 개의 높은 계단을 올라가야 한다. 경내에서는 반드시 신발을 벗어야 하고 어깨나 무릎이 보이는 복장으로는 출입할 수 없다. 사원의 화려함

뿐만 아니라 부처님께 예를 다하는 신앙심을 느낄 수 있었다.

도이수텝을 내려와 소수민족 마을 도이뿌이로 향했다. 홀로 오토바이를 타고 한참을 달려도 나오지 않자 길을 잘못 들었나 하는 걱정이 들었다. 지나가던 사람들에게 물어보니 그냥 길을 따라 쭉 가면 된다고 한다. 한참을 더 달려 길 끝에서 구름에 둘러싸인 산속 마을 도이뿌이가 나타났다. 하지만 기대와 달리 이미 여행지화되어 복장을 빼고는 달리 흥미를 가질 무언가를 찾지 못해 그리 오래 머물지 않고 나왔다.

소수민족 마을 도이뿌이에서 나와 돌아오는 길에 문득 '나는 무엇을 바라고 도이뿌이에 갔을까?'하는 생각이 들었다. '이미 여행지화되어 있을 것이라 예상 못한 것도 아니면서 왜 그렇게 실망하여 도망치듯 벗어났을까? 조금 더 깊숙이 그리고 가까이 그들에게 다가가려고 시도조차 하지 않았을까? 나는 문명의 이기를 누리면서 왜 저들에게는 순수함을 기대하는 걸까?'하는 여러 가지 생각이 들었다. 그런 생각을 하다 보니 그들에게 미안해졌다. 이게 뭐야 하고 둘러보던 내 자신이 부끄러웠다. 이런 저런 생각을 계속하며 오토바이를 달려 치앙마이 시내로 돌아왔다.

동쪽에 위치한 싼깜팽 온천은 갈까말까 고민하다 가기로 결정하고 준비없이 무작정 길을 나섰다. 치앙마이에서 동쪽으로 35km 떨어진 거리라 오토바이로 한 시간 정도를 달려야 할텐데 겁도 없이 길을 나섰다. 지도 한 장 들고, 이정표를 보거나 사람들에게 물어가며 열심히 달렸다. 한 시간 반 정도를 달려 겨우 찾은 온천에서 피로도 풀 수 있어 좋았는데, 생각해보니 돌아갈 때 다시 온갖 먼지를 뒤집어쓰고 한 시간 반을 달려야 했다. 날은 이미 어둑해져 길은 잘 보이지 않고, 이정표마저 눈에 띄지 않아 올 때는 두 시간이나 더 걸렸다. 간만에 목욕을 했음에도 집에 들어오자마자 다시 샤워를 해야 했다.

한국에서도 잘 안 가던 온천인데 힘들여 갔다 왔는데 이렇게 허무할 수가. 바보같이 기름값과 온천 비용만 낭비한 것 같은 기분이 들었다. 하지만 계획된 길이 아닌, 나 혼자만의 생각으로 먼 길을 다녀왔다는 것에 조금은 '진짜 나만의 여행'을 한 것 같은 기분이 들어 위로가 됐다. 며칠 동안의 치앙마이 여행은 앞으로의 여행에 있어 나의 마음가짐에 대해 점검해보는 시간이었다.

이방인으로서 낯선 문화를 접할 때는 나의 기준이 아닌 그들의

관점에서 삶을 이해하려는 노력이 필요하다는 것을 깨달았다. 뿐만 아니라, 비록 시간은 더 걸릴지라도 '지도 밖으로 벗어난 여행을 해야만 진정 그 나라가 보인다.'는 한비야 씨의 이야기에 공감을 하게 되었다. 비록 며칠간의 여행이었지만 여행의 큰 틀을 생각해 볼 수 있었던 곳이라 지금도 마음속에 생생하게 남아 있다.

Episode 03

여행 중 처음 사귄 외국인 친구,
김모와 헤이디

태국 북부지역이 위치한 빠이라는 작은 마을을 마지막으로 태국에서의 일정을 마치고 라오스로 향하기 위해 국경 지역인 치앙콩Chiangkhong으로 이동했다. 간단하게 출국 수속을 밟은 후 라오스로 향하는 보트를 탔을 때였다. 막 자리를 잡고 앉았는데, 서양인 커플 한 쌍이 보트에 오른다. 자연스레 그들의 가방을 받아주었고, 보트 구조상 마주 앉았다.

"안녕, 나는 김모라고 해. 이 친구는 헤이디고, 우린 핀란드에서
왔어."

그것이 인연이 되어 첫날 빠벵Pakbeng에서 저녁식사를 함께 했고, 술을 좋아하는 김모와 맥주를 잔뜩 사들고 빠벵의 해변으로 향했다. 어두컴컴한 해변에 앉은 우리는 이러저런 이야기를 나누었다. 여행을 오기 전에는 어떤 일을 했는지, 여행을 왜 결심하게 됐는지 등 진솔한 이야기를 했다.

10여 년 동안 헤이디는 노키아^{NOKIA}에서 일하고 김모는 IBM에서 일했다고 했다. 헤이디가 어느 날 문득 일을 그만두고 세계여행을 하겠다고 하자 김모도 일을 그만두고 세계여행을 함께 시작한 것이라고 한다. 그 당시 그들은 10여 년을 열애 중이지만 아직 결혼은 잘 모르겠다고 했다. 그러나 내가 한국에 돌아온 지 얼마 되지 않아 애기를 출산했고, 곧 결혼식도 올릴 예정이라고 소식을 전해왔다.

김모와 헤이디와 함께 이야기를 나눌 때는 자신들을 핀란드어로 형, 누나를 뜻하는 벨리^{Veli}와 시스꼬^{Sisko}로 부르라며 친근감을 표했다. 우리는 라오스에서의 일정이 겹치는 동안에는 매일 저녁식사를 함께 했고, 나중에 서로 일정이 달라 헤어졌지만 무슨 인연인지 그 후로도 방비엥을 지나 캄보디아, 그리고 네팔에서까지 만났다. 호주에 있을 때는 브리즈번공항에 도착했다며 연락이 왔었고, 미국 서부에 있을 때는 남미에 있다며 보고 싶다고 어서 넘어오라고 했다. 나의 마지막 여정이던 체코에서 집으로 가는 비행기가 핀란드 헬싱키를 경유했었지만 시간을 낼 수 없어 연락도 못했다. 하지만 여행을 마치고 한국에 돌아와 메일을 보내자 왜 연락을 하지 않았냐고 당장에라도 달려갔

을 건데 너무 아쉽다며, 진심이 느껴지는 답장을 보내왔던 친구들이다.

여행을 마친 지금도 문득 그들이 생각난다. 그들은 언제든 환한 웃음으로 반갑게 맞이해줄 핀란드에 있는 나의 또 다른 가족이다. 그들이 한국에 오든, 아니면 내가 핀란드로 가든 언제가 꼭 다시 만날 것이라 믿고 있다.

Episode 04

누구를 위한 삶인가?
라오스 열린문 학교

　　라오스 루앙프라방Luang Prabang은 마을 전체가 세계문화유산으로 지정될 만큼 사원, 왕궁 등 오래된 건축물과 근대 저택들이 조화를 이뤄 한 폭의 그림처럼 아름다운 도시였다. 시내 중심부에서 좀 떨어진 외딴 게스트하우스에 짐을 풀고, 자전거를 대여하여 지도 한 장을 들고 도심 이곳저곳을 돌아다녔다. 낮에는 주로 사원을 방문하고, 저녁에는 야시장을 돌아다니면서 조용하고, 아름다운 도시 루앙프라방을 만끽하였다.

그러다 하루는 도심에서 좀 더 멀리 나가 보고 싶었다. 잘 다듬어진 루앙프라방 외곽에는 과연 어떤 마을이 있을지 궁금했다. 지도를 살펴보니 20km 정도 떨어진 외곽에 쾅시폭포Kwangsi Waterfall라는 곳이 눈에 들어왔다. 무작정 그곳에 가기로 결심하고, 자전거 페달을 힘차게 밟았다. 비포장 흙길이라 오토바이와 자동차들이 스쳐 지날 때면 앞이 보이질 않을 정도로 뿌연 흙먼지가 일어났다. 땀으로 범벅이 된 내 몸은 그 흙먼지를 온전히 뒤집어 쓸 수밖에 없었다.

　그런 길을 달려 도착한 폭포, 오는 동안 몸에 덮어쓴 흙먼지를 시원하게 닦아내고 나니 비로소 주변 풍경이 눈에 들어온다. 시원하게 쏟아지는 폭포수보다 더 아름다웠던 건 그날의 파란 하늘이었다. 혼자서 한참의 시간을 보낸 후 다시 되돌아가는 길, 올 때는 보지 못했던 간판 하나가 눈에 들어온다.

'HOPE YOLINMUN SCHOOL'(희망 열린문 학교)

이름부터가 한국인이 운영하는 학교임을 짐작할 수 있었다. 자전거를 돌려 간판을 따라 좁은 골목길 안으로 들어섰다. 조금 들어가다 보니 'YOLINMUN'이라 써진 차가 집 앞에 세워져 있다. 자전거를 차 옆에 세워두고, 집 안을 두리번거리니 안에서 "누구세요?"라는 반가운 한국말이 들렸다. 지나가다가 간판을 보고 혹시나 해서 찾아왔다고 말씀드리니 아주머니께서는 바로 옆에 있는 학교를 가리키며 "전화해둘 테니 교무실로 가보세요."라고 한다. 교무실을 찾아 안으로 들어가니, 책상에 앉아계시던 인상 좋은 아저씨가 반갑게 맞아 주었다.

"아, 그래, 반가워요. 방금 전화 받았어요. 잠깐 이 쪽에 앉아 있을래요? 시원한 차 한 잔 가져다줄게요."

자리에 앉으니 얼기설기 세운 듯한 울타리가 창문 너머로 보인다. 잠시 앉아 있으니, 인상 좋은 그 아저씨께서 차를 가지고 오셔서 인사를 건넨다. 라오스에서 선교 활동을 하고 있는 선교사님으로 라오스에 들어온 지 벌써 6년 정도 되었다고 하신다. 하지만 라오스는 법적으로 선교 활동이 금지되어 있어 이렇게 학교를 세우고 아이들을 가르치면서 간접적이나마 선교 활동을 하신다고 한다. 선교사님의 안내로 아담한 학교를 둘러보았다. 이렇게 외진 곳까지

와서 자신을 버리고 신의 뜻에 따라 라오스 사람
들과 더불어 살아가는 모습이 아름다워 보였다.

　선교사님과 화제를 바꿔가면 한참 이야기를
나누었다. 때마침 점심시간이라 식사 전이면
같이 밥을 먹자고 하신다. 염치불구하고 선
뜻 "네~"라고 대답한 후 다시 선교사님 댁으
로 갔다.

　오랜만에 삼겹살과 김치찌개를 배부르게 먹고 디저트로 커피까
지 대접을 받았다. 다시 길을 나서려는데, 사모님께서 이 집에 처
음 방문한 사람에게 주는 거라며, 씨앗으로 만든 열쇠고리를 주신
다. 이 열쇠고리는 중남미로 넘어가기 전까지 늘 가방에 있었는데,
나중에 고리가 떨어져 씨앗만 보관하고 있다.

　대한민국 국적기도 들어오지 않았던 이곳 라오스의 외진 동네
에, 자신을 버리고 그분들의 신과 타인을 위해 살아가고 계신 분
들을 만났다. 이런 경험들을 통해, 이렇게 덥고, 습하고 말도 통하
지 않은 이곳에서 나는 오늘 무엇을 느끼고 배우고 생각하고 있는
지 자문했다.

Episode 05

한국인 미꼬씨와
일본인 친구 신지

루앙프라방에서 6시간의 꾸불꾸불한 산길을 달려 방비엥^{Vang} Vieng으로 넘어왔다. 도착하자마자 숙소부터 찾으려고 발걸음을 옮기려는데, 이제 막 지은 듯한 새 건물 3층에서 한 여자가 나를 내려다보고 있었다.

'모야, 사람 처음 봐, 왜 쳐다 봐?' 속으로 한 마디 뱉는데, "니 혼진데스까?(일본인입니까?)" 라고 묻는다. "노, 아임 코리안"이라 대답했다. 그 여자는 "한국분이세요? 오, 반가워요."라고 한국말로 대답한다. 그렇게 미꼬씨와의 인연이 시작되었다.

어느새 1층으로 달려 내려온 그녀는 저렴하고 좋다며 자신이 묵는 게스트하우스를 소개시켜주며, 곁에서 능숙하게 방값까지 깎아준다. 뭐 다른 곳을 둘러볼 필요도 없이 바로 짐을 풀었다. 배가 고파 먼저 밥부터 먹으려는데, 미꼬씨가 자신이 잘 아는 식당이 있다며 한 레스토랑으로 안내한다. 왜 그녀가 이곳으로 나를 데려

왔는지는 자리에 앉자마자 알 수 있었다.

그녀가 즐겨 앉는 자리에서 창밖 풍경을 바라보는데 아무 말도 할 수 없었다. 첩첩 산을 배경으로 흐르는 강에는 아이들이 풍덩 풍덩 물장구를 치며 놀고 있고, 조용히 자리한 마을 풍경이 매우 평화롭고 아름다웠다. 잠시 넋을 놓고 있다가 정신을 차리고 그제야 미꼬씨와 이야기를 나누기 시작했다.

미꼬씨는 그저 여행자려니 했는데, 알고 보니 책도 쓰고 블로깅도 하는 작가이자 파워블로거였다. 방비엥이 좋아 벌써 5일째 머물고 있는 그녀는 워낙 어려 보여 외모로는 나이를 가늠할 수 없었으며 특유의 발랄함으로 만난 지 얼마 되지 않아 금세 친해질 수 있었다. 방비엥에 온 여행자라면 누구나 해본다는 메콩강 튜빙 Tubing을 도착한 다음날 미꼬씨와 하기로 했다.

튜빙을 하러 간 곳에서 태국에서 만났던 김모와 헤이디를 우연히 다시 만나 함께 튜빙을 즐겼다. 메콩강을 따라 5~6시간을 튜브를 타고 유유히 내려오면서 조용하고 평화로운 산골마을의 경치를 천천히 즐겼다. 다음날은 걸어서 방비엥 구석구석을 돌아보았다. 어느 한 곳 맘에 들지 않는 곳이 없었다. 겨우 5일 머물렀지만, 여행길에서 누군가 가장 생각나는 장소가 어디냐고 물으면 방비엥을 빼놓지 않고 이야기할 만큼 너무 사랑스러운 곳이었다.

방비엥을 뒤로 하고 베트남으로 향했다. 베트남의 첫 목적지는 훼Hue였다. 베트남 여행을 마친 미꼬 씨 덕분에 이곳 정보는 어느 정도 입수를 한 상태라 그녀가 추천해준 빈즈엉호텔Binh Duong Hotel로 향했다.

훼에서 만난 일본인 친구 신지는, 국내에도 알려진 일본의 유명한 대기업에서 5년간 엔지니어로 일을 하다 세계여행을 결심하고 나왔다. 나와 비슷한 날짜에 여행을 시작한 그는 중국에서부터 베트남으로 넘어왔다고 했다. 일정이 나보다 이틀 정도 빨랐기 때문에 첫 만남에서는 많은 이야기를 나누지 못했지만 비슷한 여행 루트를 계획하고 있어 곧 다시 만나기로 하고, 그는 다음날 호이안으로 떠났다.

짧은 만남이었지만 신지는 호이안에 도착하자마자 이메일로 호이안 정보를 보내주었다. 이렇게 앞서 여행하는 친구의 정보를 활용하는 것이 이때부터 나만의 노하우가 되었다.

호이안에 가면 꼭 먹어보라던 미꼬씨의 추천이 생각나 허름한 음식점에 들어가 카페쓰아다와 까오러우를 주문했다. 카페쓰아다 Caphe Sua Da는 아이스밀크 커피로 달달하면서도 시원해서 베트남 여행 중 더위를 쫓기에 그만이었다. 또한 훼에 분보훼Bun Bo Hue라는 쌀국수가 있다면, 호이안에는 까오러우Cao Lau라는 볶음면이 유명했다. 짭조름한 맛이 나는 간장 소스에 면을 볶고 그 위에 야채와 튀

긴 고기가 올려진 국수인데 처음 먹었음에도 입맛에 너무 잘 맞았다.

맛있게 식사를 하고 숙소로 돌아오니 카운터에 신지가 남겨둔 메모가 있었다. 신지 방으로 가서 반갑게 인사를 나누고 저녁에 다시 보자며 밀린 빨래와 휴식을 취하기 위해 내 방으로 돌아왔다. 저녁시간이 되어 신지와 함께 숙소를 나섰다. 식사를 하며 이런 저런 이야기를 나누었다. 나보다 나이가 많던 신지는 잘 다니던 직장을 그만두고 여행하고 있는 것을 지금도 고민하는 듯했다. 나 역시 크게 다르지 않은 형편이라 많은 것에서 마음이 통했다.

다음날은 하루 종일 자전거로 호이안을 둘러볼 생각이라 했더니 함께 다니자고 한다. 그렇게 다음날 자전거를 빌렸다. 신지는 여행 중 자전거를 타는 게 처음이라며 신기해한다. 나는 신지가 더 신기해서 그럼 어떻게 여행했냐고 물으니 투어를 신청해서 지금까지 돌아다녔다고 한다. 나보고 길을 아냐고 묻는 신지에게 길은 가다 보면 나온다고 대답하고, 어제 저녁 미리 봐두었던 호이안 건

너편의 깜남^{Cam Nam}섬으로 자전거 페달을 밟았다. 깜남섬은 조용하고 평화로운 마을이었다. 그렇게 그 섬을 돌아본 후 숙소 직원이 추천해준 끄어다이해변^{Bai Tam Cua Dai}에 가기로 했다.

해변에 누운 우린 다시 많은 이야기를 나누었다. 신지에게 꿈이 뭐냐고 물으니, 조금도 망설이지 않고 세계평화라고 말하며 웃는다. 일본이 과거 세계대전 때 저지른 잘못을 잘 알고 또 무척 부끄러워 했다. 일본으로 인해 상처 받은 모든 국가의 친구들에게 이렇게 만날 때마다 사과하고 싶다며 내게도 사과해도 되냐고 묻는다.

그저 조용하고 평범한 여행자로 남았을 신지는 이런 모습 때문에 특별한 친구로 기억된다. 2년 계획으로 여행을 했던 신지는 지금 여행을 마치고 일본에서 다시 직장생활을 잘 하고 있다. 지금은 도쿄에서 여행 관련 일을 하고 있다고 하였다. 진지하고 진실한 사과를 하던 그 친구가 여행길에서 만난 이들을 얼마나 감동시켰을지 무척 궁금하다.

Episode 06

내겐 너무나 슬픈 도시,
캄보디아 프놈펜

　　베트남 여행을 마치고 캄보디아로 향했다. 문득 2년 전 캄보디아 씨엠립Siem Reap의 앙코르와트Angkor Wat를 여행했던 기억이 떠올랐다. 태국과 달리 무척 허름한 국경과 포장되지 않은 울퉁불퉁한 도로를 꼬박 5시간을 달려 씨엠립에 도착했었다. 허름한 국경 지대보다 더 허름한, 판때기로 대충 이어 만든 집들이 씨엠립으로 향하는 도로가에 즐비하게 늘어서 있었다. 국경에 너무 늦게 도착한 탓에 이미 씨엠립으로 향하는 버스가 끊겼던 터라, 겨우 두 명의 여행자들을 모아 택시로 이동했었다. 해가 저물고 어둑해진 도로를 달리는데 택시의 타이어가 펑크 났다. 3시간 거리를 5시간이 넘게 걸려 겨우 도착했었다.

　　지나오면서 보았던 너무나도 열악한 그들의 삶이 캄보디아를 떠날 때까지 머릿속에 맴돌았었는데 다시 그 길에 들어선 순간, 그때의 기억이 떠올랐다. 태어나서 그런 판잣집들은 처음 보았다. 이는 판잣집이라 부르기에도 민망할 정도로 열악했고, 그곳에 사는 사람들을 쳐다보기만해도 마음이 편하지 않았다. 같은 지구 안에 동시대를 살아가고 있다는 것이 믿겨지지 않을 정도였다. 판자촌에서 생활하는 그들의 모습은 근대 역사를 알게 되면 더욱 씁쓸해진다.

　캄보디아는 이미 1천여 년 전 신들의 도시라 불리는 앙코르와트를 건설한 크메르인의 후손들의 땅이다. 당시 찬란한 문명을 꽃피었던 앙코르 왕국은 현재의 라오스, 베트남, 캄보디아, 태국에 이르는 거대한 지역을 지배했던 대제국이었다. 하지만 과중한 토목공사와 부패한 왕권으로 인해 국력이 쇠퇴하고, 급기야 태국 아유타야족의 침략을 받아 프놈펜$^{Phnom\ Penh}$으로 수도까지 옮기게 되었다. 이후 프랑스 식민시대와 제2차 세계대전으로 일본 식민 지배, 그리고 남북으로 갈린 캄보디아 내전과 그 유명한 폴포트$^{Pol\ Pot}$의 킬링필드까지 겪으며 수많은 고통과 아픔의 역사를 수없이 반복했다. 어쩌면 앙코르시대 이후 단 한 번도 편안할 날이 없었던 역사적 배경이 그들의 삶을 이렇게 우울하게 만들었는지도 모른다.

　프놈펜에 머무는 동안 방문한 곳은 전쟁기념관과 뚜올슬랭^{Tuol} ^{Slang}(S.21이라고도 불린다.) 그리고 킬링필드였다. 전쟁기념관은 굉장히 현실적이고 가감없는 사진과 자료들을 전시해 전쟁의 참혹함을 간접적으로나마 느낄 수 있었다.

　전쟁기념관을 지나 뚜올슬랭으로 들어서자 전쟁기념관과는 비

교할 수 없을만큼 많은 전시품이 진열되어 있었다. 학교를 개조해
서 만든 고문실은 어린 학생부터 어른들까지 닥치는 대로 고문하
고 살인하였던 곳이다. 어떤 장비로 고문을 받았고, 어떻게 갇혀
있었으며, 어떤 사람들이 죽어나갔는지를 최대한 그대로 재현해두
었다. 참혹했던 과거를 잊지 않겠다는 의지라지만 보는 내내 마음
이 답답하고 서늘해졌다. 뚜올슬랭은 한낮에 여럿이 함께 있었음
에도 으스스한 기분이 들었다. 너무나 참혹한 현장은 할 말을 잃
게 했고, 인간이 얼만큼 잔인해질 수 있는지 실제로 느낄 수 있었
다. 이 뚜올슬랭도 그러했지만, 이곳 프놈펜에 더 이상 머물 수 없
게 만든 결정적인 이유는 바로 킬링필드였다.

　캄보디아는 공산주의를 지키기 위해 당시 자국민의 1/3인 약 200만 명을 무참히 대학살하였다. 이 사건을 일컫는 킬링필드^{Killing Fields}는 학살이 자행된 여러 장소를 지칭하기도 한다. 그 중 가장 대표적인 곳을 방문하였다. 여행을 오기 전 일부러 다시 봤던 킬링필드라는 영화의 마지막 장면, 수많은 시체들 사이를 지나 탈출하던 한 캄보디아인의 모습이 생생히 떠올랐다. 끝없이 달리고 달려도 시체로 즐비했던 그 벌판, 지금 내가 서 있는 곳이 그 벌판의 일부라 생각하니 소름이 돋았다. 무엇보다 킬링트리^{Killing Tree}는 그 잔혹함의 절정이라 할 수 있다. 어린 영유아들이 울거나 소리를 지르면 아이 다리를 잡고 힘껏 휘둘러 그 나무 뿌리에 머리를 으깨 죽였다니 정말 참담했다. '무엇을 위해, 왜?'라는 질문에 캄보디아의 역사는 지금까지도 제대로 답을 못하고 있다. 더 소름끼치는 사실은 바로 이런 잔인한 역사가 불과 35년 전 이웃나라의 이야기라는 것이다.

이틀간의 투어를 마쳤다. 그 외에 다른 곳을 더 봐야 했다. 어느 나라나 활기 넘치는 곳이 시장이라던가, 다른 멋진 곳을 방문하여 분위기를 반전시킬 필요가 있었다. 하지만 굳이 그러려고 노력하지 않았다. 있는 그대로 받아들여 오래오래 가슴에 품는 것도 나의 여행의 목적 중 하나라 생각했다. 아니 왠지 그래야만 할 것 같았다.

숙소로 돌아오는 길, 온종일 찌뿌둥했던 하늘에서 결국 비를 뿌린다. 오후 내내 흙먼지로 뒤덮였던 도로는 빗방울에 다시금 깨끗해지고 있다. 이 빗방울이 더러움을 씻어내듯 캄보디아의 더럽고 추악한 역사도 씻어낼 수 있다면 좋겠다는 생각이 들었다. 늘 우울해 보이던 캄보디아인들의 얼굴이 가슴에 와 닿는 것은 이런 이유 때문이었을까? 그날따라 유난히 슬픈 비가 내렸다.

Episode 07

마더하우스
in 캘커타(인도)

프놈펜에서 하루를 더 지낼 자신이 없었다. 그냥 빨리 이 우울한 도시를 떠나, 다른 곳으로 가고 싶었다. 마침 김모와 헤이디가 씨하눅빌Sihanoukville에 머물고 있다고 연락도 왔고 어서 그곳으로 가야겠다고 마음을 먹었다.

씨하눅빌로 가는 길은 그냥 평온했다. 씨하눅빌에서 김모와 헤이디를 오랜만에 만나 취하도록 술을 마셨다. 역시 다음날 아침 숙취 때문에 고생은 했지만 그래도 좋은 친구들과의 만남이라, 배시시 웃음이 나왔다. 느지막이 일어난 둘째 날은 자전거를 타고 김모 커플과 씨하눅빌을 돌아보고, 셋째 날에는 밤부섬Bamboo Island을 다녀왔다. 그렇게 나흘을 같이 보낸 후 홀로 태국으로 넘어왔다.

인도로 가는 항공권을 끊어놓았으나 여행 정보가 하나도 없어, 태국에서 만난 친구들에게 급한 대로 서더스트리트 Sudder Street의 파라곤 GH. 캘커타에 대한 정보만 가지고 무작정 인도로 향했다.

캘커타에서 우연히 만난 한국인을 통해 알게 된 마더하우스 Mother house는, 성인으로 추앙받고 있는 테레사 수녀가 평생 헌신하며 봉사했던 곳이다. 1950년에 캘커타에 사랑의 선교회를 설립하였고, 힌두교도들의 숙소로 사용되던 건물을 마더하우스로 사용했다. 당시 힌두교도들은 기독교인들이 이 건물을 사용하는 것에 반대하여 시위를 벌였으나, 사랑의 선교회 수녀들이 종교에 상관없이 봉사활동을 하는 모습을 보고 결국 받아들였다고 한다. 1997년 마더테레사가 돌아가신 후, 그분의 육체를 그곳에 모시게 되었고, 이후 이 장소는 유명한 관광지뿐만 아니라, 전 세계에서 며칠 혹은 몇 달간 봉사활동을 위해 모이는 자원봉사자들의 메카가 되었다.

나 역시 처음엔 하루, 그저 여느 여행자들 혹은 관광객들처럼 경험삼아 봉사활동을 해봐야지란 호기심 반 진심 반의 마음가짐으로 시작했다. 하지만 처음 그곳에 발을 들이면서부터 며칠을 더 머무르게 될 것 같다는 생각이 들었다. 마더하우스는 죽음을 기다리는 사람들(임종이 임박한 이들), 중환자, 지체 장애아, 유아 등 보통 자기 몸을 가누지 못하는 이들의 생활터전으로 네 군데로 구분되어 있었다.

내가 봉사하게 된 곳은 지적장애아들이 있는 다야단^{Dayadan}이었다. 직접적으로 아이들을 돌보는 일은 여성들이 하거나 장기 봉사자들이 맡았고, 나처럼 남자들은 보통 옥상에서 그날 주어진 4시간 동안 빨래만 했다. 빨고, 널고, 걷고, 다시 빨고, 널고, 걷고의 반복이었다. 이 아이들은 똥오줌을 제대로 가리지 못하기 때문에 청결을 유지하기 위해서는 쉼 없이 빨래를 하는 수밖에 없다. 첫 날 빨래를 할 때는 옷에 똥이 묻어있는 것을 보고 질겁했지만 이후부터는 긁개로 대충 긁어내고 락스와 각종 세제를 뿌려 여러 번 빨기와 헹굼을 반복할 수 있는 경지(?)에 다다랐다. 하지만 말이 빨래지 이건 거의 중노동이나 다름없었다. 한두 번이 아닌 수십 번을 반복하다 보면 나중엔 팔에 힘이 없어 무척이나 힘들었었다.

둘째 날에도 역시 일찍 일어나 마더하우스로 향했다. 오늘은 어제 같이 일했던 다른 봉사자들이 몇 명 있어 이야기도 많이 하고 즐겁게 일을 할 수 있었다. 잠시 휴식시간이 되어 아이들이 있는 곳으로 내려가는데, 내려오는 우리를 보더니 아이들이 반갑게 다가왔다. 누가 먼저라 할 것도 없이 아이의 손을 잡고 복도를 빙글빙글 돌아다니기 시작했다. 그러다 쉬는 시간이 끝날 무렵, 아이에게서 손을 떼려는 순간 잡은 손을 놓지 않으려는 몸짓에서 그 아이의 두려움과 외로움이 전해져왔다. 갑자기 코끝이 찡해졌다. 차마 손을 놓을 수가 없었다. 말없이 아이를 꼭 끌어안았다. 그리고 작게 말했다.

"이따가 다시 올게."

마치 내 말을 알아들은 듯 그제야 손을 스르르 놔주며 웃는다. 아이의 볼을 살짝 꼬집고 웃으며 손을 흔들었다. 마지막 날, 인도 여행을 끝내면 이곳에 다시 들리겠다고 약속한 것도 이 아이 때문이었다. 봉사를 실천하는 사람들은 '그들을 도와주는 게 아니라 그들이 나의 성장을 도와준다.'라고 많이들 얘기한다. 비록 짧은 시간이었지만 그 말뜻을 조금은 알 것 같았다. 내가 그들로 인해 행복해지고, 그들로 인해 생각의 깊이가 더 깊어진다는 것을 느낄 수 있었다.

같이 일하던 친구들 중에 가오 리라는 일본인이 있었다. 영어를 단 한마디도 못 하는 이 친구는 사회 복지를 전공하고 일본에서 장애아를 돌보는 일을 하고 있고 인도에는 휴 가차 왔는데, 어디로 갈까 고민하다 가 마더하우스로 오기로 결심했다고 한다. 1년 내내 봉사하면서 휴가를 보 내는 것보다는 바다도 가고, 다른 곳

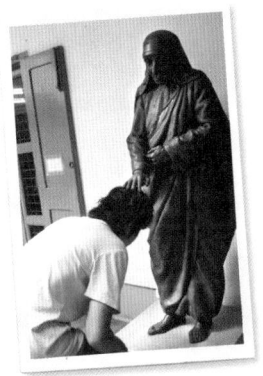

도 여행하면서 편히 쉬는 게 어떠냐고 묻자 그는 지금 하는 일이 세상에서 가장 즐겁고 행복한 일이라며 웃으며 대답했다.

이곳에서 만난 한국 친구는 나중에 결혼할 사람은 여기서 찾아 야겠다고 말했었다. 그만큼 아름다운 사람들이 많았다. 짧은 시간 이었지만 여행의 모든 순간 중에서 인생에 대해 가장 깊게 생각하 고, 삶에 대해 가장 넓게 바라볼 수 있었으며 가장 다양한 시각으 로 세상을 들여다 볼 수 있었다. 인도에 가면, 꼭 한 번 들러보기 바란다.

Episode 08

한중일 세 친구의
인도 바라나시에서의 8일

'역사보다 오래되고, 전통보다 오래되었으며, 전설보다 오래된 도시.' 마크트웨인Mark Twain은 바라나시Varanasi를 이렇게 이야기했다. 수천 년 동안 흐르고 있는 갠지스강Holy Ganges, 3천년간 화장하는 불이 한 번도 꺼진 적이 없다는 삶과 죽음의 경계선 버닝가트Burnning Ghat, 미로보다 복잡하고 각종 동물들의 배설물로 가득한 골목길. 아직도 아련한 기억 속에 남아있는 바라나시의 기억은 숙소에서부터 시작된다.

단돈 50루피에 도미토리를 쓰게 해주겠다는 숙소 주인장을 따라 올라간 곳은 건물 옥상. 야전 침대 위에 한 번도 빨지 않았을 것 같은 먼지가 폴폴 나는 담요 다섯 장을 올려놓는다.

"원숭이가 짐을 뒤져 가지고 갈 수 있으니 짐 단속을 잘하라고."

146

주인장은 내 손에서 낚아채듯 50루피를 가져가며 1층으로 사라진다. 야전 침대 위에 세 장의 모포를 펴고, 침낭을 꺼내 위에 펼친 다음, 다시 모포로 덮어두니 그럭저럭 침대 모양이 된다. 원숭이보다 더 무서운 숙소 직원의 손길에 대비해 가방은 잘 묶어 두고, 카메라만 달랑 맨 채 길을 나섰다. 미로 같은 골목길을 빠져나와 강가에 선 순간, 성스러운 갠지스 강의 조용한 울림과 희뿌연 연기 속으로 태양이 조용히 가라앉고 있었다. 아름다운 노을을 바라보며 순간 그 자리에 얼어붙어 버렸다.

　그 후로 매일 MP3와 한 권의 책을 들고 이곳 강가에 나와 음악을 듣거나 독서를 하면서 시간을 보냈다. 아침저녁으로 강가에 나와 몸을 씻는 사람들부터 온몸에 사리를 휘감은 채 강에 들어가거나 쭈그려 앉아 머리를 감는 아낙네들과 이제 막 부부의 연을 맺은 커플의 의식, 그리고 아침부터 늦은 밤까지 쉴 새 없이 화장하는 버닝가트까지 갠지스 강은 삶과 죽음과 기쁨과 슬픔까지 모두 한 곳으로 끌어 모으는 곳이었다. 내일도 해가 뜨면 수천 년간 그래왔듯이 인도인들은 다시 갠지스 강에서 몸을 씻기 시작할 테고, 이제 막 결혼한 커플들은 갠지스 강에서 자신들을 축복해달라고 빌 것이다. 또 죽음을 맞이한 이들은 이곳에서 몸을 불살라 그들의 신에게로 돌아가겠지. 이것이 바라나시의 삶이고, 갠지스 강의 역사라는 생각이 들었다.

　그렇게 시간을 보내다가 한 번은 우연히 만난 한국인들과 인연

이 되어 힌두대학Hindu College을 같이 가게
되었다. 그곳에서 홀로 있던 미야오를
만났다. 전직 중국 국제항공사China Air 스
튜어디스였다는 미야오는 회사를 그만
두면서 선물로 받은 국내와 해외 각 1
회 이용권으로 인도에 왔다고 했다.
기왕 해외 항공권을 이용하는 거라
면 유럽이나 미국처럼 비싸고 먼 나
라로 가지 왜 인도에 왔냐는 핀잔에 자기도 인도행 비행
기를 탑승하고서야 그 생각이 났다며 웃었다. 함께 왔던 일행들이
먼저 이동한지도 모른 채 그렇게 미야오와 수다를 떨었다. 그간 하
고 싶은 말이 많았었는지 원래 수다쟁이였는지 모르지만 쉴 새 없
이 말하는 그녀가 신기했다. 그렇게 많은 수다가 끝날 때쯤 신기하
게도 헤어졌던 일행을 다시 만나 그녀와 간단한 인사만 나눈 채
헤어졌다.

숙소로 돌아오는 길, 그녀의 메일 주소를 받지 않은 것이 무척
아쉬웠다. 숙소에 도착하니 멋쟁이 일본인이 새로운 룸메이트로
들어와 있었다. 세계여행 중이라는 이 녀석은 호주에서 2년간 돈
을 벌면서 지냈었고, 그 돈으로 7개월간의 세계여행 중이라고 했
다. 그 친구는 아그라Agra에서 식사를 하고 바라나시로 향하는 기
차를 탔는데, 그 식사가 문제였는지 밤새 토하고 끙끙 앓은 뒤, 바
라나시에 도착하자마자 병원 응급실로 실려가 3일 동안 누워있다

막 퇴원하고 왔다고 했다. 잘못 먹은 음식보다 더 화가 났던 건, 한 사람이 기차 안에서 죽을 듯 아파하는데도, 호시탐탐 가방을 노리던 인도인들이 너무 싫었다고 했다. 자기소개보다 자기의 무용담(?)을 먼저 이야기한 이 친구는 유키였다. 그날 저녁부터 바라나시를 떠나는 날까지, 유키와는 마치 오랜 친구처럼 붙어 다녔고 끝없이 많은 대화를 나누었다. 다음날 오후, 여느 때와 마찬가지로 유키와 강가에 앉아 이야기를 하고 있는데 낯익은 얼굴이 보였다.

"헤이, 미야오."
"헤이, 찬!"

우연히 다시 만난 미야오에게 유키를 소개시켜주었고, 말이 많은 미야오와 성격 좋은 유키는 서로 곧 친해졌고, 우리는 세 명이서 함께 다니기 시작했다. 문화도 역사도 다른 한중일 세  나라의 사람이 모였지만, 이곳 바라나시에서 만큼은 서로 가장 친한 친구가 되었다.

우리는 전직 스튜어디스였던 미야오에게 그녀의 일 속에서 만난 한중일 세 나라 여행자들의 특징을 얘기해보라 했다.

"나도 중국 사람이지만, 정말 중국인들은 너무 시끄러워. 공공에

절이라고는 애당초 없지. 휴우, 그에 비하면 한국 사람이나 일본 사람들은 참 조용하고 좋아. 한국 사람들은 가끔 술을 달라고 하는 것 말고는 귀찮게 하지도 않고 매너도 좋지. 그리고 일본 사람은... 일본 사람도 좋아."

갑작스럽게 이야기를 마치는 그녀에게 유키와 나는 이유를 추궁했다.

"사실 가끔 일본 사람들은 성인잡지를 대놓고 보는데, 그것만 빼면 귀찮게 하지도 않고, 아주 조용해. 가끔 있는 그런 일본인들 때문에 무척이나 신경 쓰이는 건 어쩔 수 없더라."

나는 배꼽을 잡고 웃었다.

"야! 유키 성인잡지란다. 크하하하! 아 창피하다 정말. 하하하 하하"

결국 유키는 성인잡지를 보는 모든 일본인을 대신하여 미안하다고 미야오에게 사과를 했다. 우리는 자신이 속한 나라의 대표가 되어 자국의 이미지를 조금이라도 좋게 심어주려고 노력하고 있었다는 걸 느낄 수 있었다. 비슷하면서도 다른 한중일 세 나라 사람들의 대화 덕에 우리는 여행이 더욱 즐거울 수 있었다.

Episode 09

자연에서 배우는 삶,
4박 5일간의 안나푸르나

여행을 결심하면서 반드시 보고 싶었던 것 중의 하나가 인도 타지마할Taj-Mahal이었다면, 꼭 해보고 싶은 것 중의 하나는 바로 ABC 트래킹이었다. 전 세계적으로 8,000m급 이상의 16개 산 중에 반 이상이 모여 있는 세계의 지붕 네팔. 그리고 네팔이 품고 있는 세계 최고의 산, 에베레스트Mount Everest, 8,848m.

어렸을 적 텔레비전에서 보았던 그 유명한 에베레스트를 오르는 것은 나의 여행의 목표 중 하나였지만 부족한 자금과 빠듯한 일정상의 문제로 아쉽지만 그에 상응하는 산인 안나푸르나 베이스캠프, ABCAnnapurna Base Camp를 오르기로 했다. 본격적인 트래킹을 앞두고 포카라Pokhara에 머무르면서 동행할 사람을 찾아봤지만, 운이 없는 것인지 기다려도 인연이 닿지 않는다. 결국 며칠을 더 고민하다 혼자서라도 산을 오르기로 결심했다. 결심이 서니 필요한 장비도 빌리고 루트도 알아볼 겸 '산촌다람쥐'라는 한인식당으로 이동했다. 거기서 나처럼 혼자 산을 오르려던 경현이를 우연히 만났다.

이야기를 나누다 보니 해병대 후배라는 사실을 알게 되었고, 금세 의기투합하여 함께 산을 오르기로 했다. 가이드는 물론, 포터도 없이 지도 한 장만 들고 둘이 오르기로 한 것이다.

4박 5일간 짊어져야 할 배낭을 꾸리기 시작했다. 속옷과 양말, 그리고 침낭과 약간의 옷을 준비했다. 짐은 가장 최소한으로 준비해야 한다는 생각에 3~4kg을 넘지 않도록 했지만 올라갈수록 식대가 비싸다는 정보가 있었기에 먹는 것은 최대한 만들어 먹자는 생각에 먹거리를 많이 준비했다. 내 가방에는 라면 5봉지, 코펠, 버너, 가스 2통, 초콜릿 5개, 초코파이 5개, 식빵 1봉지, 잼 1개, 커피 4봉지, 그리고 마지막으로 럼주 2병. 경현이도 코펠과 버너를 제외하고 같은 수량의 음식과 물을 추가로 더 챙겼다. 해발 2,700m를 넘으면 흐르는 물은 어디서나 먹어도 된다하기에 물은 하루 정도 견딜 만큼만 준비했다. 돈이 없는 가난한 두 여행자는 이렇게 먹거리로 가방을 가득 채우고 출발을 서둘렀다.

처음에는 평탄한 산길을 걸었다. 햇살은 따뜻했고, 중간중간 만나는 산골마을은 아름답기 그지없었다. 산비탈을 깎아 만든 밭과 길에서 마주치는 염소와 나귀, 그리고 해맑은 어린아이들의 모습에 마음이 저절로 푸근해진다. 얼마쯤 오르자 첩첩산중 마지막 끝머리에 살짝 걸린 안나푸르나의 흰머리가 보인다. 어서 가고 싶은 마음에 조바심이 나지만, 이곳에서 서두르면 페이스를 잃고 완주하지 못할까 두려워 들뜬 마음부터 가라앉혔다.

평탄한 산길이 끝나고 본격적인 산행이 시작되자 울창한 나무들로 인해 햇빛이 사라지면서 몸의 체온이 떨어져 몸을 부지런히 움직여야 했다. 구름이 산을 타고 우리를 지날 때면 한치 앞도 보이지 않았고, 햇빛이 강하게 비칠 때면 겉옷을 다시 벗어야만 했다. 축축한 산길과 미끄러운 돌멩이들, 끝없이 반복되는 오르막과 내리막, 겨우 한 사람 지나갈 정도로 비좁은 길, 단 한순간도 긴장의 끈을 놓을 수가 없었다.

힘들지만 오늘 가야 할 구간이 있었기에 힘을 내서 계속 걸었다. 하지만 죽음의 코스라 알려진 춈롱$^{Chhomrong, 2,170m}$ 구간을 지날 때는 정말 주저앉고 싶을 정도로 힘이 들었다. 산 중턱에서 산 바닥을 치고 다시 산꼭대기까지 올라가야 하는 이 춈롱 구간은 갈 때도 힘들었지만 다시 이 길을 지나서 돌아가야 한다는 생각에 걱정이 미리 앞섰다. 이곳은 정말 모두가 손꼽는 최악의 구간이었다. 두 발로는 힘들어서 두 손까지 써 가며 기다시피 간신히 올라 산장에서 짐을 풀었다. 샤워도 하고 빨래도 하고, 밥을 먹으면서 저녁시간을 보냈다. 다음날 산행을 위해 일찍 자려고 누웠는데, 방한 따위는 전혀 되지 않는 곳인지 밤새 추위에 떨어야 했다. 나중에 ABC에서 하룻밤을 잘 때는 이곳이 그나마 따뜻한 곳이었다는 것을 알게 되었다.

ABC는 해발 4,130m에 위치한다. 고도가 높은 만큼 구름도 산을 쉬이 넘지 못해서 종종 멋진 풍광을 뜻하지 않게 만날 수 있다. 둘째 날에 ABC 바로 전 캠프인 마차푸차레 베이스캠프, MBC^{Machapuchare Base Camp}라 불리는 곳에서 이 엄청난 자연의 신비를 직접 목격할 수 있었다. 경현이가 많이 뒤쳐져서 나는 한 시간 정도를 MBC에서 쉬면서 기다렸는데, 산장 아래부터 안개처럼 올라오는 구름이 보였다. 첩첩히 둘러싸인 봉우리들 사이를 새하얀 구름들이 타고 오르는가 싶더니 일순간 용트림하듯 하늘로 치솟는데, 그 장면이 너무나 멋져 한동안 입을 다물 수가 없었다. 구름이 걷힐 때 즈음에 경현이가 올라왔고, 함께 마지막 여정인 MBC에서 다시 ABC로 향했다. 마지막 코스는 다행히도 평탄한 지역이었지만 고도가 높은 탓에 멀쩡히 살아있는 동식물은 없는 것처럼 보이는 황량한 언덕이었다.

'Welcome to Annapurna Base Camp'

4,130m라는 표시와 우리를 반겨주는 입간판 앞에 가방을 던져놓고 환호성을 질렀다. 3일간의 산행, 그렇게 길고 힘든 시간을 이겨내고 드디어 목적했던 곳에 도착했다. ABC 산장에 짐을 대충 던져놓고 밖으로 나왔다. 그리고 오랫동안 안나푸르나를 바라보았다. 옷을 여러 벌 껴입었지만 햇살이 비치는데도 이가 딱딱 부딪힐 정도로 추위가 엄습해온다. 그럼에도 그 자리를 뜰 수가 없었다. 안나푸르나를 마주하는 맞은편의 설산 마차푸차레^{Machhha puchhare}도 보였다. 봉우리가 생선 꼬리를 닮았다 하여 피시테일^{Fish Tail}이라고도 불리는 이 산은 네팔인들에게는 신성한 산 중의 하나라 등반 허가

자체가 안 된다고 한다. 산세가 무척이나 험해 보였던 마차푸차레는 아직까지도 인간의 손길을 허락하지 않은 몇 안 되는 산 중에 하나라고 한다.

산을 오르는 동안에는 잘 느끼지 못했지만, 안나푸르나에 도착하고 보니 높은 고도로 인해 숨을 쉬는 것이 쉽지 않았다. 일몰을 보고 따뜻한 차를 마시고 경원이와 이야기를 나누다 저녁 6시부터 잠을 청했다. 건조하고 차가운 공기가 숨을 들이킬 때마다 폐부를 얼릴 듯 스며들어 깊은 잠을 잘 수가 없었다. 결국 밤 9시쯤 눈을 떴는데, 잠들기 전 담아둔 물병에 살얼음이 보인다. 화장실에 가려고 밖으로 나왔다가 나는 그 자리에 멈춰 서고 말았다. 새하얀 달빛을 받은 설산들이 병풍처럼 둘러싼 모습이 어지러울 정도로 아름다웠고, 하늘 가득 쏟아지는 별들은 내 생애에 다시 보기 어려운 일생일대의 장면을 연출해주었다.

순간 아찔해져 문기둥을 잡고 버티다가 문 앞에 있던 널찍한 바위 위에 드러누워 쏟아지는 별들을 온몸으로 받아들였다. 몸은 매서운 추위에 덜덜 떨리고, 차가운 돌과 맞닿은 등짝은 이미 얼어붙은 것처럼 한기가 올라왔지만 일어날 수가 없었다. 오늘이 아니면 다시 보지 못할 내 인생에 단 하루만 허락된 소중한 순간이란 생각이 들었기 때문이다. 그렇게 영원 같던 잠깐의 시간이 흐르고, 혼자서만 이 모든 것을 독차지하는 것은 아무래도 너무 못된 짓 같아 몸을 일으켜 경

현이를 깨웠다. 그렇게 둘이서 한참을
감탄하다가 다시 잠자리에 들려는 순간,
이번엔 눈이 아닌 귀로 안나푸르나를 만
날 수 있었다.

설산에서 눈 구르는 듯한 소리가 아득
하게 자장가처럼 내 귀에 들려왔고, 그렇
게 안나푸르나 베이스캠프에서의 마지막
밤이 지나갔다. 침낭 속에서도 한기가 느껴
져 새벽부터 잠이 깨버린 나는 일어나자마자 코펠에 물을 끓이기
시작했다. 일출시간이 다가왔기에 물을 올려놓은 채로 밖으로 나
왔다. 환상적이었던 일몰만큼은 아니었지만 일출 또한 엄청난 장
관을 내게 선사했다. 안으로 들어와 끓고 있는 물에 커피를 타서
마셨다. 그제야 조금씩 얼었던 몸이 풀리기 시작했다.

이틀 안에 다시 내려가야 했기에 아침부터 서둘렀다. 아쉬움에
몇 번이고 뒤를 돌아봤지만, 내려올 때는 3일간 산행으로 단련이
되었는지 조금도 피곤하지 않고 날듯이 몸이 가벼웠다. 올라올 때
에 죽을 듯 힘들었던 촘롱에 숙소를 잡았다. 그리고 그곳에서 경
현이와 나 둘만의 조촐한 파티를 벌였다. 준비해간 럼주를 꺼내고
콜라를 시켰다. 가방 속에 남은 몇 개의 라면과 과자를 꺼내왔다.
숙소에서 일하던 네팔 사람들과도 친해져서 곧 그들과 주방에 둥
글게 모이게 되었다. 서로 말은 통하지 않지만, 그래도 한 잔의 알

코올이 들어가자 웃고 떠들면서 즐거운 시간을 보냈다. 그렇게 적당히 취기가 오를 만큼 술을 마시면서, ABC 트래킹에서의 마지막 밤을 보냈다.

지나왔던 모든 길들을 지나 다시 평탄한 길을 만났을 때의 성취감이란, 같은 장소가 이렇게도 다르게 느껴질 수 있는 건, 땀을 흘린 대가일 것이다. 입구를 지나 다시 포카라로 돌아오는 길, 비록 버스를 잘못 타서 중간에 내려야 했지만, 버스 안에서 만난 네팔 대학생들의 도움으로 무사히 포카라로 재입성할 수 있었다.

4박 5일간의 일정을 통해 많은 것을 생각할 수 있었다. 구불구불 오르고 내리는 산길을 걸으며 인생을 다시 생각하게 되었고, 위대한 자연 앞에서 내가 얼마나 하찮은 존재였는지 느낄 수 있었다. 비록 5일이었지만, 인생에 대해서 생각한 시간과 느낀 깊이는 50년의 가치를 가질 수 있었다. 안나푸르나에서 이렇게 또 한 가지를 배웠다.

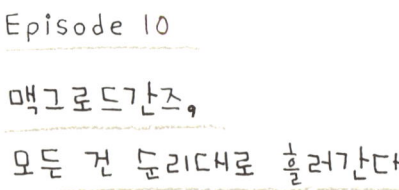

Episode 10

맥그로드간즈,
모든 건 순리대로 흘러간다

티베트 임시정부가 있는 맥그로드간
즈^{McLeod Ganj}는 인도 북중부 여행 내내
본 적이 없는 맑고 깨끗한 하늘이 보
이는 곳이었다. 델리^{Delhi}에서 출발한
맥그로드간즈행 버스의 내부는 지
독하게 추워서 감기가 걸렸고, 버스
는 무시무시하게 험한 길을 달리는 통
에 허리가 아파서 며칠간을 고생했다. 그럼에도 불구하고 맑고 깨
끗한 공기와 거짓 없는 티베트인들과의 교감은 아프고 고통스러운
것들을 다 잊을 수 있게 해줄 만큼 좋았다.

정작 하는 것은 별로 없었지만 자그마한 동네를 어슬렁거리다
보면 어느새 시간이 금세 갔다. 바라나시에서는 하루 종일 갠지스
강에 빠져 살았다면, 맥그로드간즈에서는 반나절이면 돌아볼 작
은 동네를 계속 어슬렁거리는 재미에 빠져있었다. 그러다 어느새

인도에 머문 지 한 달하고도 보름이라는 시간이 흘렀다는 것을 자각하게 되었다.

태국으로 돌아갈 비행기의 날짜가 다가오고 있었다. 조금만 더 있겠다는 욕심으로 캘커타로 돌아가는 기차의 스케줄 확인을 계속 미루다, 비행 날짜인 12월 20일이 얼마 남지 않은 15일쯤에 확인해보았다. 문제는 여기서부터 시작됐다. 맥그로드간즈에서 델리까지는 매일 버스편이 있지만, 델리에서 캘커타로 가는 기차편은 성수기라 티켓이 전부 매진된 상태였다. 20일 오전 비행기를 타야 하는 내게는 청천벽력 같은 소식이었다. 항공권으로 가자니 너무나 비싼 금액이라 결국 시간이 3배나 걸리는 36시간짜리 열차를 선택할 수밖에 없었다. 그마저도 날짜가 없어 비행기 출국 전날 밤에 겨우 도착하는 티켓이었다. 까딱하다 연착이라도 하면 태국으로 가는 비행기를 놓칠 판이었다. 일단 바로 티켓을 구매하고, 그저 연착되지 않기만을 기도했다.

맥그로드간즈로 올 때와 마찬가지로 지독하게 춥고, 무시무시하게 험한 길을 달리는 버스를 타고 델리로 넘어왔다. 델리에 도착한 후 12시간 후에 캘커타로 출발하는 기차였기에 대충 숙소를 잡고 이틀간 기차 안에서 먹을 음식을 사러 나왔다. 소화에 좋다는 바나나, 허기짐을 달래줄 과자, 물 2리터짜리 2통, 그리고 오렌지주스 1통 등 한가득 챙긴 다음에 시간을 때울 수 있는 MP3를 가득 충전하였다. 그야말로 만반의 준비를 다한 것이다.

　　다음날 일찍 기차에 올라 큰 배낭은 대충 묶어 두고, 바로 이층 침상으로 올라가 잠부터 청했다. 맥그로드간즈에서 델리로 오는 동안 쌓인 피로도 피로지만, 일단 시간을 최대한 많이 보내는 것이 중요했기 때문이다. 한 서너 시간 동안 자다 깨다 보니, 기차 안에 사람이 점점 늘어나고 있었고, 사람들이 늘어날수록 인도인들이 나를 바라보는 눈이 심상치 않았다. 급기야 하나둘씩 슬금슬금 내가 누워있던 침상의 가장자리부터 엉덩이를 걸쳐 앉기 시작한다. 내가 뭐하는 짓이냐고 따져 봤지만 그들은 신경도 안 쓴다. 맞은편 침상에 앉아있던 인도인과 또 다른 몇몇의 인도인들이 그러지 말라는 듯 말해주는 것 같았지만 이미 발 디딜 틈 없는 기차 안에서 그들에게 내려가라고 하는 것은 소용없는 일이었다. 그렇게 낮 시간 내내 내 자리를 내어주고, 그들처럼 쪼그리고 앉아서 갈 수밖에 없었다.

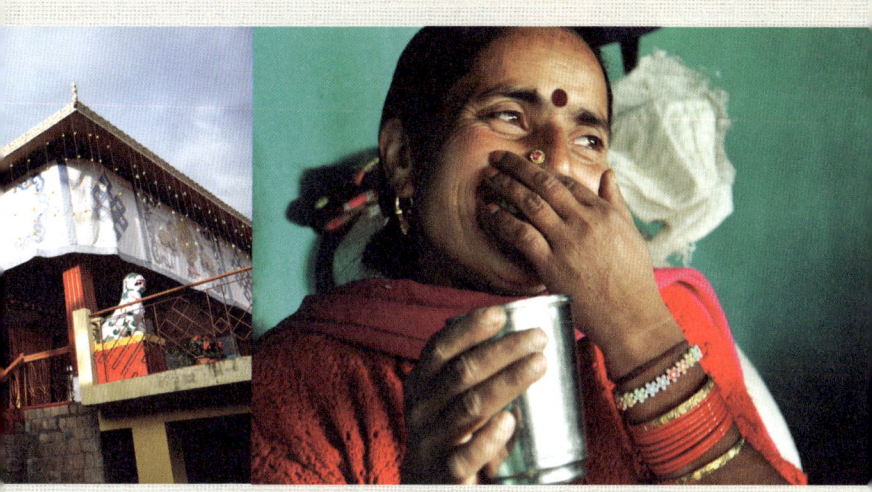

　저녁 무렵에야 그 많던 사람들이 거의 내리고 다시 평온해졌다. 침상에 누워 노래를 들으며 다시 잠이 들었다. 그렇게 기차 안에서의 첫 날을 보낸 다음날. 기차의 움직임이 심상치 않다. 점점 선로 위에 멈춰 있는 시간이 길어지고, 달리는 속도도 더디다. 무슨 일이야 물어보니 기차가 고장이란다. 이때부터 기차가 제 시간에 도착하지 못 할 것 같은 느낌이 들기 시작했고, 충분히 준비했다고 생각한 음식들도 전부 거덜나 버렸다. 이제부터는 최대한 빨리 캘커타에 도착하기만을 바랄 수밖에 없었다.

　객실 내 수도도 운행시간을 넘기자 말라버렸고, 화장실은 참기 힘들 정도로 지저분했다. 먹을 음식은 없고, 배는 고프고, 도착 예정이라던 36시간은 이미 넘어버렸다. 다음날 오전 9시 비행기를 탈 수 있을지 장담할 수 없는 최악의 상황이었다. 그런데 신기하게

도 그런 사항에 처할수록 내 자신이 변하고 있었다. 일단 짐 때문에 자리를 비우지 못했었는데, 목이 말라 참을 수 없자 기차가 잠시 멈춘 사이 짐이고 뭐고 기차역 내에 있는 매점에 달려가 물을 사왔다. 허기짐을 이기기 위해 기차 안에서 파는 온갖 인도 음식도 먹기 시작했다. 손을 씻지 못해, 손톱 밑의 때가 자글자글 해도 방법이 없었기에 인도인들처럼 그냥 손으로 먹고 옷에다 대충 슥 문질러야 했다.

40시간을 넘기면서부터는 인도인처럼 객실에서 담배를 피기 시작했고, 42시간이 넘어서부터는 그들처럼 나도 화장실 문만 열고 대충 소변을 봤다. 44시간이 넘어가자 영 속도가 나지 않는 기차의 열린문에 매달려 바람을 쐬기도 하고, 46시간째부터는 아무 생각도 나지 않고 멍하니 창밖만 바라보았다. 그렇게 36시간이라던 기차가 12시간이나 더 연착되어 48시간 만에 힘들게 캘커타 하우라Howrah 역에 도착했다.

그래도 태국행 비행시간을 넘지 않아 도착하자마자 정신없이 공항으로 향했다. 20일 아침 7시, 겨우 공항에 도착해서 체크인을 하려고 하니, 화면에 해당편이 지연이라고 나온다. 그저 허탈한 웃음만 나왔다. 그렇게 비행기는 단 한마디 공식적인 사과도 없이 5시간이나 지연되었다. 결국 6시간 후 나를 태운 비행기는 인도를 떠나 태국으로 향했다. 태국에 도착해서 지친 몸이지만 버스를 타기 위해 터미널로 이동했다. 그렇게 55시간 만에 도착한 방콕에서 숙소에 짐을 풀고 샤워를 하는데 땟구정물이 줄줄 흐른다. 결국 그날 두세 번의 샤워를 해야만 했다.

참으로 기막힌 여정이었다. 내가 인도를 떠나는 것을 아쉬워 한 것처럼, 인도도 나를 보내는 것을 아쉬워했나 보다. 인도는 마지막까지 나에게 가르침을 주었다. '모든 것은 걱정할 필요가 없다. 그저 순리대로 잘 돌아가게 될 것이다.'라는 것을 말이다.

만약 기차 안에서 내내 비행기를 놓칠까 안달했다면 얼마나 허무했을까? 나중에 포기하고 수긍하게 되니, 비행기가 연착되었을 때에도 그냥 그러려니 할 수 있었던 것 같다. 결국 시간에 맞게, 그것도 아주 정확하게 도착했고, 그렇게 공항으로 열심히 달려왔음에도 비행기가 다시 연착되어 결국 서두르지 않았어도, 마음 졸이지 않았어도 탈 수 있었다.

인도. 지금 생각해도 여전히 가슴이 뛴다. 기회가 된다면 아주 작은 배낭에 옷가지 몇 개만 들고 가고 싶다. 그렇게 1년 정도 헤매면 조금은 인도를 알 수 있을까?

단 하룻밤의 꿈,
말레이시아 쿠알라룸푸르

인도와 네팔 여행을 마치고 태국으로 돌아왔다. 새해를 태국에서 맞이하고 이제 내 여행의 전환점이 될 호주로 향하기 위해 길을 나섰다. 태국에서 싱가포르까지 이어진다는 국제 열차를 타고 말레이시아의 수도 쿠알라룸푸르Kuala Lumpur로 향했다. 인도에서 기차를 이미 경험했던 터라 크게 기대하지도, 그리 걱정하지도 않고 기차를 탔는데 이렇게 좋을 수가 없었다. 깨끗한 것은 물론, 넓은 좌석과 저녁시간에는 침대까지 만들어주고 이불도 펴준다. 아침에는 다시 침대를 걷어서 정리를 해주는 서비스도 있다. 물론 원하면 비용을 지불하고 아침식사까지 앉은 자리에서 해결할 수 있다. 도미토리에서 자는 것보다 더 편안하고 기분 좋게 기차에서 하룻밤을 보냈다. 23시간이나 걸렸지만 기차로 국경을 넘는 색다른 경험을 해볼 수 있었을 뿐만 아니라, 천천히 태국의 남부를 가로질러 말레이시아의 북부를 관통하는 모든 풍경을 볼 수 있어 좋았다.

목적지인 쿠알라룸푸르에서 약 6시간 떨어진 버터워스Butterworth

에 내려 다시 버스를 갈아타고 쿠알라룸푸르로 향했다. 저녁 무렵에 도착한 쿠알라룸푸르에서 지도 한 장 없이 그 넓은 도시 속으로 들어가야 했다. 사람들에게 묻고 물어 저렴한 13링깃(약 4천 5백 원)짜리 숙소를 찾아냈다. 하지만 피로감보다 더한 허기짐에 짐을 대충 팽개쳐놓고 길을 나와 차이나타운으로 향했다.

차이나타운의 노천식당에 자리를 잡고 앉아 시원한 맥주를 주문했더니 칼스버그를 들고 나온다. 칼스버그 말고 말레이시아 맥주를 달라고 했더니 말레이시아 맥주 중 70% 이상이 칼스버그란다.

"칼스버그는 덴마크의 대표 맥주 아니냐, 무슨 말이냐?"고 물었다. 알고 보니 덴마크 칼스버그가 동남아 시장을 겨냥하여 이곳에 투자 생산하는 것이었다. 불야성을 이룬 차이나타운의 밤거리를 바라보며, 맛있는 칼스버그로 땀을 식히면서 그렇게 천천히 식사를 마쳤다.

숙소에 돌아와 씻고 짐을 정리하고 있자니 몇몇 친구들이 들어왔다. 영국과 프랑스에서 온 친구들이었는데 나는 내일 저녁까지 밖에 시간이 없는데 무엇을 하면 좋겠냐고 그들에게 물어보자 주저 않고 페트로나스 트윈타워Petronas Twin Tower를 추천해줬다. 그리고 그 타워는 일일 입장객 수가 제한되므로 무조건 일찍 가야 원하는 시간에 오를 수 있다고 덧붙였다. 나는 간단한 정보를 얻고 늦은 밤이라 바로 잠에 빠져들었다.

다음날 아침 일찍 짐을 챙겨 카운터에 맡겨두고 길을 나섰다. 전철을 타고 KCLL역으로 이동해 밖에 나오니 쿠알라룸푸르의 자랑이자 세계에서 두 번째로 높은 페트로나스 트윈타워가 우뚝 서 있다. '높다.' 정말 엄청 높았다. 그리고 아름다웠다. 들어갈 생각을 못하고 계속 사진을 찍었다. 한참을 찍다 타워에 올라가야 한다는 생각에 서둘러 안으로 들어갔다. 두 타워 사이에는 스카이브리지 Sky Bridge라는 다리가 있어 서로 연결이 되는데, 이 타워에 오른다는 것은 이 다리를 건넜음을 얘기한다. 일찍 갔음에도 기다리는 줄이 엄청 길었다. 돈을 좀 내더라도 꼭 올라가고 싶었는데 알고 보니 무

료란다. '돈이 있어도 게으르면 볼 수 없다'는 것은 가난하고 부지
런한 여행자에게는 매우 행복한 조건이었다.

야경이 멋진 곳이지만 어차피 저녁에는 공항에 가야 하므로 오
후 1시 티켓을 받았다. 아침식사를 하고 잠시 밖에서 둘러보다 입
장시간에 맞춰 다시 건물로 들어섰다. 고속 엘리베이터를 타고 다
리가 위치한 41층에 도착했다. '와~ 높다.' 창문 밖의 자동차들이
개미보다 작아보였다. 쿠알라룸푸르 시내가 한눈에 들어왔다. 여
긴 타워 정상도 아닌데 말이다. 넋을 놓고 보고 있는데 가이드가
다가와 자연스럽게 말을 건다. 혼자 온 여행자들에게 사진을 찍어
준다는 것이었다. 고맙게도 가이드의 도움으로 내 사진을 남길 수
있었다. 올라갈 때만큼 빠르게 1층으로 내려간 후에 다시 빌딩을
올려다보니 여전히 까마득히 높았다.

페트로나스를 둘러본 후 쿠알라룸푸루 시내를 돌아다니기 시작
했다. 그저 서울과 같은 도시라는 생각은 들었지만, 이곳에서 하
루를 보내기엔 너무 아쉬웠다. 이곳을 마지막으로 약 3개월간의
아시아 여행이 끝났다. 아름다운 자연과 오래된 역사 그리고 멋진
도시들을 전부 돌아 볼 수 있었던 아시아 여행은 내 모든 여행을
통틀어 가장 즐겁고 멋진 시간들이었다. 이제 오세아니아의 중심
호주로 출발이다. Good bye, Asia! Hello, Australia!

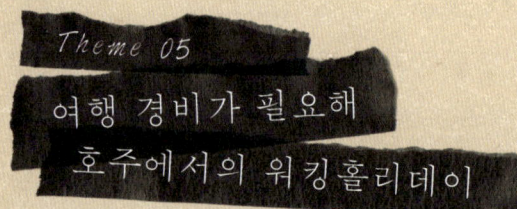

Theme 05

여행 경비가 필요해
호주에서의 워킹홀리데이

호주

모레톤섬

브리즈번

시드니

일하면서 여행도 즐길 수 있는 워킹홀리데이

워킹홀리데이는 서로 협정을 맺은 국가 사이에 18~30세의 젊은이들이 상대 국가에서 제한적인 형태로 취업을 할 수 있게 해주는 제도이다. 취업을 통해 그 나라의 문화와 생활을 체험할 수 있고, 취업으로 번 돈을 공부에 재투자하거나 여행을 즐길 수 있는 좋은 프로그램이다. 워킹홀리데이 제도는 한 번에 여러 가지를 경험할 수 있다는 긍정적인 측면도 있지만 실제 그 취지를 제대로 이해하고 활용하기는 절대 쉽지 않다. 결국 스스로 절제하고, 인내하며, 초심을 잃지 않으려 노력하는 것이 중요하다.

현재 우리나라는 15개의 국가 및 지역과 협정을 체결한 상태이고, 워킹홀리데이와 비슷한 청년교류제도(YMS)를 체결한 영국까지 합치면 총 16개국의 국가 및 지역이 된다. 호주, 캐나다, 뉴질랜드, 일본, 프랑스, 독일, 아일랜드, 스웨덴, 덴마크, 홍콩, 대만, 체코, 이탈리아(발효 예정), 헝가리(발효 예정), 오스트리아 및 영국(YMS) 등으로 유럽과 아시아는 물론 오세아니아와 북미 지역까지 전 세계적으로 포진되어 있다.

　워킹홀리데이를 하려면 먼저 해당 국가의 외교공관에서 워킹홀리데이 비자를 허가 받아야 한다. 국가마다 각 연도별로 쿼터가 정해져 있는데 캐나다, 아일랜드 같은 국가는 모집 공고를 통해 신청을 받은 후 선발하기 때문에 그만큼 경쟁이 치열하고, 반면 호주나 덴마크 같은 국가는 신청만하면 언제든지 떠날 수 있다. 새로 협정이 맺어진 국가들의 경우 신청하는 사람들의 숫자가 적기 때문에 비자를 발급받기 수월하지만, 정보가 그만큼 적으므로 가기 전에 더 많은 정보를 수집해야 한다. 2013년 2월 현재 워킹홀리데이 체결 국가와 모집 시기, 모집 인원, 취업 기간 등은 다음 표와 같다.

나라	모집 시기	모집 인원	어학 연수	취업기간
호주	수시 접수	제한 없음	4개월	12개월 (한 직장에서 6개월)
프랑스	수시 접수	2,000명	12개월	12개월
독일	수시 접수	제한 없음	12개월	12개월
대만	수시 접수	400명	12개월	12개월
스웨덴	수시 접수	제한 없음	12개월	12개월
덴마크	수시 접수	제한 없음	6개월	9개월
홍콩	수시 접수	200명	6개월	12개월 (한 직장에서 6개월)
체코	수시 접수	300명	17주	12개월
오스트리아	수시 접수	300명	6개월	6개월
뉴질랜드	연 1회(4월)	1,800명	3개월	12개월 (한 직장에서 3개월)
캐나다	연 2회(6월, 12월)	4,000명	6개월	12개월
아일랜드	연 2회(6월, 12월)	400명	6개월	12개월
일본	연 4회 (1월, 4월, 7월, 10월)	10,000명	12개월	12개월
이탈리아	발효 예정			
영국(YMS)	3.25~6.24 (2013년 기준)	1,000명	24개월	24개월

워킹홀리데이 비자는 평생 한 번밖에 신청할 수 없으며, 나이도 18~30세 이하로 한정되어 있다. 체류 기간은 보통 최대 1년이며

(오스트리아는 최대 6개월), 호주와 뉴질 랜드는 특정 조건에 부합만 하면 연장 신청도 가능하다. 그리고 영국의 청년 교류 제도 YMS 비자를 발급받으면 최대 2년 간 체류할 수 있다.

세계여행을 계획할 때부터 여행 중간에 워킹홀리데이를 해야겠다고 마음을 먹었었다. 여행 중 부족한 경비를 충당하기 위한 이유도 있었지만 그보다 이전부터 꿈꿔왔던 막연한 환상이 더 큰 이유였다. 군대에서 전역을 앞두고 미래에 대한 고민을 하던 시절, 적성에 맞지 않아 계륵처럼 돼버린 학교생활을 포기할 수는 없고, 이 상황을 모면하기 위해서는 워킹홀리데이가 내게 절실했다. 하지만, 막상 전역 후 휴학을 하려고 알아보니 복학부터 해야 했고, 이는 한 학기 등록금을 납입한 경우에만 가능했다. 워킹홀리데이를 위해 준비했던 돈은 그렇게 복학을 위한 등록금으로 고스란히 내 수중을 떠나버렸다. 어쩌면 그때부터 워킹홀리데이는 내게 있어 희망처럼 뇌리에 자리하고 있었다. 세계여행에서 호주는 루트상으로도 경비면에서도 상당히 비효율적인 선택일 수밖에 없는 지리적 위치에 있었다. 하지만 수많은 루트를 그려보면서도 내게는 단 한 번도 제외되거나 변경되지 않은 유일한 루트가 호주였다.

여행을 마친 지금, 여행 중간에 워킹홀리데이를 한 것은 부족한

여행 경비를 충당할 수 있었을 뿐만 아니라, 서툴렀던 영어 실력을 다듬는데도 실질적인 도움이 되었다. 어쨌거나 워킹홀리데이는 세계여행에 있어 시간적으로도 많은 부분을 차지 했으며, 한 나라에서 장기간 체류하면서 일을 하여 현지 문화를 적응하는 등의 많은 경험을 쌓을 수 있었다.

호주를 선택하고자 하는 사람들은, 단순히 여행 자금 충당뿐만 아니라 체류 생활 등에 필요한 좀 더 많은 것들을 고민하기 바란다.

워킹홀리데이로
현지에서 생활하기

　워킹홀리데이에 관한 내용은 시중에 나와 있는 책이나 인터넷 카페, 블로그 등을 통해서 충분히 얻을 수 있음으로, 여기서는 내 경험을 토대로 실질적인 이야기를 하고자 한다. 어떻게 일자리와 집을 구했고, 체감 물가는 어느 정도인지, 워킹홀리데이 비자는 어떻게 받았는지 등을 중심으로 이야기하겠다. 어느 정도 준비는 하고 갔지만, 워킹홀리데이가 어느 사람의 무용담처럼 아무 생각 없이 가서 그냥 부딪힌다는 것은 생각보다 어렵고 힘들다. 나역시 준비하고 갔음에도 처음에는 시행착오를 많이 겪었다. 호주에 도착해서 가장 먼저 한 일은 핸드폰 개통과 은행 계좌 만들기였다.

　핸드폰 만들기 − 아무래도 장기간 한 곳에 머물러야 했으므로 핸드폰부터 만들기로 했다. 일을 구하든 집을 찾든 아무래도 연락처가 필요했기 때문이다. 요즘은 한국에서 구입해가는 경우도 많지만 현지에서 만드는 것도 크게 어렵지 않다. 호주에서는 신용이 없는 워킹홀리데이 학생들에게는 선불폰을 사용하게끔 한다. 말 그대로 10~30불 등의 카드를 편의점에서 구매하고, 카드의 설명 대로 내 핸드폰에 충전하면, 구입한 금액만큼 사용할 수 있다. 현 지에서 핸드폰을 구입하면, 친절한 매장사원의 경우 충전하는 법 까지 알려주지만 그렇지 않은 경우 카드에 표시된 설명대로 따라 하면 누구나 사용할 수 있다.

　은행 계좌 만들기 – 한국에서 가져온 돈을 현지 통장에 입금시 켜야 함으로 계좌를 개설해야 한다. 한국은행 카드를 사용해도 상 관은 없지만, 매번 수수료를 생각하면 계좌를 만드는 것이 유리하 고, 계좌를 개설하면 체크카드도 만들어주므로 현지에서 편하게 사용할 수 있다. 은행에서 계좌를 만들 때는 주소와 연락처 등 몇 가지 신상 정보를 묻는데, 현재 머물고 있는 게스트하우스 숙소 주소를 알려주면 되니 집을 구하지 못했더라도 걱정하지 않아도 된다. 단, 카드를 은행에서 수령할 것이냐 우편으로 받을 것이냐고 물으면 집을 구하지 않은 상태라면 반드시 은행에서 직접 수령한

다고 하는 것이 좋다. 나의 경우 게스트하우스 주소를 알려주었는데, 게스트하우스에 여행자들 앞으로 오는 우편물이 너무 많아 찾는데 한참을 고생했었다.

일 구하기 – 앞으로 지낼 집은 어떻게든 찾는다 해도, 여행 경비를 목적으로 온 내게는 일을 찾는 것이 가장 급선무였다. 썬브리즈번에 올라오는 구인광고는 대부분 한인 사장들이 한인 학생들을 찾는 광고가 대부분이었고, 임금도 너무 적어서 간간히 보긴 했지만 의지하지는 않았다. 오히려 가판대에서 파는 신문의 구인광고란을 더 자주 살펴보았다.

도서관에서 영문/한문 이력서를 작성해서 50여 장을 뽑은 후 무작정 가게마다 돌아다니며 이력서를 냈다. 말은 쉬울 것 같지만, 가게에 들어가 대뜸 이력서를 내고 일자리를 달라고 하는 것은 생각보다 쉬운 일은 아니었다. 그렇게 며칠을 헤매던 중, 그래도 운이 좋아서 일자리를 찾을 수 있었다.

운전사를 구하고 있던 브리즈번의 현대택배에 마침 내가 지원하였고, 사장님이 잘 봐주신 덕에 바로 일을 시작할 수 있었다. 내가 하던 일은 브리즈번에 있는 사람들이 한국으로 보내는 택배를 모아 발송하는 일이었다. 운전석의 위치가 우리나라와는 반대라서 처음엔 조금 고생했지만, 그래도 브리즈번과 그 주변 동네를 마음껏 돌아다닐 수 있는 일이라 즐거운 마음으로 임했다.

오전 9시에 출근하여 오후 6시에 퇴근하니 저녁시간도 자유로웠고 일을 며칠 해보니 투잡도 할 수 있겠다는 생각이 들었다. 택배 일이 적은 월급이 아니어서 군이 밤일을 안 해도 됐지만, 어떻게든 짧은 시간에 최대한 여행경비를 많이 벌겠다는 욕심에 투잡을 구하려고 했다. 투잡의 대상으로 정한 곳은 브리즈번 시내에서 임금을 가장 후하게 준다는 호주인이 운영하는 레스토랑이었다. 저녁 9시부터 밤 12시까지 주방 일을 보조하는 것인데, 시급이 쎈 만큼 지원자도 많아 일자리 구하기가 쉽지 않았다. 그래서 한 가지 전략을 구상했다.

매일 찾아가서 매니저에게 눈도장을 찍고 이력서를 직접 제출해 보는 것이었다. 그렇게 첫날 찾아가서 이력서를 내고, 몇 일 뒤 다시 찾아가서 이력서를 냈다. 또 나처럼 찾아오는 녀석들이 한두 녀석이 아닐 테지. 하지만 그렇게 세 번, 네 번을 찾아갔을 때 결국 연락이 왔다. 저녁에 9시까지 와서 하루 동안 일하는 거보고 맘에 들면 일을 하잔다. 택배 일을 끝내고 좀 쉬다가 가게로 갔다. 주방에는 한국 사람이 많았는데, 대부분 청소와 관련된 일을 하고 있었다. 나보고 어떻게 들어왔냐고 묻는다. 이력서 내고 들어왔다고 하니, 자기는 이력서 내고 들어온 사람을 처음 본다고 한다. 아마도 내가 여기 일자리를 구할 수 있었던 것은 꾸준히 얼굴을 알린 게 효과가 있었을 거라고 생각했다.

이 경험은 내게 포기하지 않고 꾸준히 도전하면 반드시 결실을 얻을 수 있다는 소중한 교훈을 깨닫게 해주었다. 많은 사람들이 호주에서 일자리 구하는 것은 복불복이라고 말한다. 하지만 일자리의 종류와 대우는 복불복일지 몰라도, 흘린 땀방울의 양에 대한 대가는 절대 배신하지 않는다는 것을 기억했으면 한다.

농장 일 하기

호주는 공산품을 수입하고, 야채와 채소 등의 농작물을 수출하는 국가인 만큼 농장에서 일하는 사람이 많다. 유럽이나 북미는 물론이고 많은 아시아인들이 호주에서 농장 일을 경험한다. 나라별로 그 목적은 조금씩 다른데, 단지 농장 일을 경험해보려고 오는 서양인들에 비해 아시아인들은 오직 돈을 벌기 위해 이 일을 선택하는 경우가 많다.

농작물의 수확 시기에 맞춰 돌아다니면서 많은 돈을 벌었다는 경험자들의 소문이 퍼지면서 한국의 많은 학생들이 대박의 꿈을 안고 시작하기도 하지만 생각만큼 쉬운 일은 아니다. 물론 돈을 모은 사람도 있지만 상상도 못할 만큼 독하게 일했기 때문에 가능했던 것이다. 농장 시

존에 관련된 자료는 인터넷에서 구할 수 있고, 일자리를 소개해주는 곳에서 관련 자료를 받을 수도 있다. 농장 일을 할 사람들은 도심에서 하는 일을 준비하는 사람보다 더 많은 준비가 필요하다는 것을 기억했으면 한다. 하지만 농장 일이든 그 외 어떤 일이든 무엇을 하던 쉬운 일은 절대 없다는 것을 명심하자.

집 구하기 - 한 지역에 정착하여 오래 머무를 계획인 사람들에게 숙소는 아주 중요하다. 하루 일과를 마치고 피곤한 몸을 누일 수 있는 나만의 공간이 되기 때문이다. 자주 지역을 옮겨 다니거나 일보다는 여행이 목적인 사람들은 크게 상관은 없지만, 한군데 오래 머물 계획을 하는 사람에게는 상당한 고민거리가 될 것이다. 많은 학생들이 한국에서 인터넷으로 계약까지 하고 오는 경우도 있는데, 집은 와서 구해도 늦지 않으므로 꼭 직접 와서 보고 선택하기 바란다. 집 주변의 환경, 실내 상태, 셰어메이트 등을 직접 보고 결정하는 것이 나중에 후회할 일이 적다.

호주에서는 대부분 한 명이 집을 월세로 계약하고, 렌트마스터 자격으로 하우스메이트(혹은 셰어메이트)를 구한다. 마스터는 집의 세세한 부분을 관리해야 하므로 생활지침 등을 만들어 메이트들에게 알려준다. 또한 마스터에 따라 집세에 세금과 생활비를 포함하기도 하고 포함하지 않는 경우도 있는데, 2주에 150~200불 정도를 집세로 걷는다. 집을 구하는 입장에서는 지역 커뮤니티 사이트나 유학원, 대학교 등에 붙은 전단지 등을 보고 구하면 된다. 나는 호주에 도착해서 일주일간 백팩(게스트하우스)에서 머물면서 일자리와 집을 구했었다. 처음이라고 두려워하지 말고 백팩에 머물면서 적응기간도 갖고 천천히 둘러보면서 집을 구하는 방법도 있으므로 너무 조급하게 집을 구하려고 하지 말자.

식재료비 – 집에서 밥을 해먹으려면 식재료도 구입해야 하고, 생활에 필요한 개인 물품도 구입해야 한다. 개인에 따라 다르지만 교통비를 아끼려고 자동차나 자전거를 구입하는 사람도 있다. 다음 은 내가 브리즈번에서 생활할 때를 기준으로 식재료와 교통비에 대해 정리해본 것이다.

아침에는 언제나 빵과 우유, 그리고 시리얼로 해결했고, 점심은 도시락을 준비해갔었다. 저녁은 그날그날 먹고 싶은 것을 집에 와서 만들어 먹었다. 빵과 시리얼은 보통 1~2불이면 맛은 없더라도 엄청 큰 사이즈를 구매할 수 있었다. 우유는 3~4불 정도로 3리터짜리를 사두고 먹었다. 이렇게 한 번 구입하면 보통 10일 정도를 먹을 수 있었다. 점심 도시락은 대부분 햄을 싸가지고 다녔다. 호주는 햄이 무척 저렴해서 성인 여자 팔뚝만한 크기가 3불도 안 된다. 한 번 햄을 구입하면 7~10일 정도 도시락으로 해결할 수 있었다. 저녁에는 스테이크와 카레를 많이 먹었는데, 스테이크용 소고기는 성인 남자 손바닥 크기 두 덩어리가 약 3~6불 정도였음으로 소고기만큼은 이곳에서 원 없이 먹은 것 같다. 스테이크용 소스

는 1불이면 구입할 수 있는데, 약 4~5번 정도 먹을 수 있는 양이라 미리 두어 개씩 사뒀다.

음식에 빠질 수 없는 소금, 설탕 등 각종 조미료는 돌아가는 사람들에게서 몇 번 받아 사용했는데, 잘 쓰지도 않고 많이 남아서 나 역시 다른 사람에게 주곤 했었다. 야채의 경우 대형마트보다는 저렴한 지역 선데이마켓(일요일에만 열리는 시장)에서 구입해 냉장 보관하면서 필요한 만큼 꺼내 먹었다. 야채를 구입하는데 보통 한 달에 100불 정도 사용했다.

그 외 라면은 한국보다 저렴했고, 김치와 다른 음식들은 조금 더 비쌌지만 부담돼서 못 먹을 정도는 아니었다. 참고로 기호식품 인 담배는 가장 저렴한 것이 한 갑당 10.8불(약 12,000원)이라 이 기회에 끊어 보거나 아니면 말아서 피는 담배를 추천한다.

교통비 – 지역별로 판매하는 교통카드를 구입하면 버스와 전철 을 같이 이용할 수 있다. 기름값은 한국보다 조금 싼 정도인데, 상 대적으로 비싼 교통비를 생각하면 기름값이 저렴한 편이다. 호주 는 넓은 영토에 비해 인구가 적은 나라라 주차장은 걱정할 필요가 없고, 대중교통을 이용하더라도 전철처럼 버스도 시간에 맞게 운행되므로 이동 시간은 크게 걱정하지 않아도 된다.

영어 공부를 위해 워킹홀리데이를 한다?

워킹홀리데이를 신청한 사람들은 다양한 경험뿐만 아니라 그 나라 언어를 배울 수 있을 것이라고 기대한다. 심지어 영어 한 마디도 못하는 친구들도 1년간 해외에서 지내다 보면 뭐 어떻게든 영어를 하지 않겠냐는 막연한 생각을 가지고 있다. 하지만 경험자들이 공통적으로 조언하는 것은 언어를 배우러 워킹홀리데이를 신청하는 것은 하지마라이다. 물론 나 역시 그 의견에 절대적으로 공감한다. 공부를 할 것이라면 학생 비자로 가서 정말 공부만하는 것이 좋다.

기본적으로 영어를 할 줄 아는 사람이 영어를 좀 더 친숙하고 자연스럽게 말하기 위해 워킹홀리데이를 신청한다면 아주 좋은 기회가 되지만, 영어를 잘 못하거나 전혀 못하는 사람이 현지인들과 어울려 살다 보면 실력이 늘 것이라는 생각으로 신청한 거라면 거의 실패한다고 생각한다. 실제로 영어를 하지 못하다 보니 한국어를 하는 사람 곁에 있게 되고, 설령 일자리를 구한다 해도 현지어를 구사할 수 없으므로 말을 거의 하지 않는 일자리를 구할 수밖에 없던 한국인들도 여럿 보았다. 따라서 영어를 배우거나 사용할 일이 없으니 몇 년을 더 있는다해도 영어 실력이 늘어날 리 없다는 게 개인적인 생각이다. 그러므로 다양한 경험과 다양한 사람들을 만날 수 있다는 것에 좀 더 의의를 두기 바란다.

나는 여행을 시작하기 전 약 3년간을 학원에 다니면서 영어 공부를 했었다. 현지인 전화 영어도 해보고 여러 가지 방법을 통해 영어를 공부해왔다. 오랜 기간, 기본을 다진 상태에서 외국인들과 대화를 나누다 보니 책에서 나온 문장이 내가 쓰는 대화의 일부가 되고, 계속 듣고, 반복해서 쓰다 보니 좀 더 수월하게 영어를 사용할 수 있게 되었다.

그렇다고 영어 공부와 다양한 경험이라는 두 마리 토끼를 잡고자 하는 사람들을 무조건 반대하는 것은 아니다. 경험적으로 죽도 밥도 안 된다는 우려의 메시지를 전하고 싶었을 뿐이다. 그래도 나의 결론은 '영어 공부? 한국에서 충분히 하고 오라.'이다.

워킹홀리데이를 하면
정말 돈을 모을 수 있을까?

호주에 도착한 지 5일째 되던 날 우연히 한국인 J
군을 만났다. 필리핀에서 6개월간 어학연수를 하고
호주에 워킹홀리데이를 하러 온 친구였다. 처음 호주
에 올 때 정말 돈 몇 푼 들고 오지 않은 녀석이었다.
당장 일자리를 구하지 않으면 잘 곳도 없고, 먹을
수도 없는 상황에 처할지도 몰랐다.

하루하루 일자리를 구하지 못해 걱정하며 지내다가 정말 남은
돈이 다 떨어졌을 때쯤 겨우 일자리를 구했다. 하지만 그 친구는
임금을 받고 돈이 생겨 제대로 먹고 자는 생활이 가능해질 때까지
매일 빵과 시리얼로 생활했었다. 몇 개월 후 열심히 일한 덕분에
어느 정도 여유를 찾았지만, 그 당시 정말 한국에 돌아갈 마음의
준비를 했을 정도로 긴박한 상황이었다.

다른 예로, 대학생활을 같이 한 동기 한 녀석이 나보다 한 달

먼저 호주에 입국해 워킹홀리데이를 시작했다. 나와는 완전히 반대편인 퍼스에서 자리 잡았고 좋은 사람을 만나 농장 일을 하면서 돈을 많이 벌었다고 했다. 좋은 집에서 지내고, 차도 끌고 다니며 안정된 생활을 하는 듯 했다. 하지만 돈을 많이 벌었다는 것은 그 만큼의 대가를 치렀다는 것이다. 그 친구는 일 때문에 제대로 여행도 하지 못했고 거의 일에만 매달려 있었다. 결국 이 친구는 비자를 연장해서 돈이 아니라 여행도 해보겠다며 도심에서 할 수 있는 다른 일을 구했다.

워킹홀리데이의 목적이 오로지 돈을 많이 버는 것이라면 농장 일이 최선일 수 있다. 많은 대화도 필요 없고 묵묵히 일만 하면, 하는 만큼 대가를 지불받을 수 있기 때문이다. 워킹홀리데이를 하는 친구들 사이에 떠도는 소문 중의 하나가 한 남자는 1년 동안 농장에서 매일 하루 종일 시리얼만 먹으면서 밤낮 일해 1억을 모아 자기 나라로 돌아갔다는 전설적인 이야기가 있었다. 결국 일한 만큼 돈은 모을 수 있다는 얘기일 것이다. 하지만 다른 한편으로 생각하면 그렇게 돈 버는 것이 목적이고, 만일 그처럼 밤낮으로 1년간 일을 했다면 그것은 굳이 호주가 아니더라도 다른 나라에서도 벌 수 있지 않았을까라는 생각이다.

나는 호주에 머문 6개월 동안, 시드니 여행 경비에 쓴 100여 만 원을 제외하면 600여 만 원을 모을 수 있었다. 그럼에도 일만하지는 않았다. 주말마다 거의 친구들과 어울려 지냈으며, 저녁시간에도 나만의 시간을 활용하면서 지냈었다. 물론 호주에서 처음 1~2개월은 나도 거의 빈털터리였기에 투잡을 해야 할 정도로 열심히 일을 했었다. 하지만 여유가 생기면서 본래 내 여행의 목적이 나를 위한 여행이기 때문에 돈에만 얽매이려고 하지는 않았다.

Episode 12

호주에서 만난 사람들

마음이 따뜻한 그녀, 첼시

그녀를 만난 건 호주가 아닌 말레이시아의 쿠알라룸푸르 공항
Kuala Lumpur Airport이었다. 아시아 여행을 마치고 호주로 들어가기 위해
비행기를 기다리고 있을 때였다. 대기시간 동안 인터넷을 하려고
노트북을 막 켜는 순간, 맞은편 의자에 여자가 앉는 것이 보였다.
아파 보일 정도로 새하얀 피부에, 샛노란 머리카락, 태국 바다를
연상시키는 파란 눈동자, 빼빼마른 몸.

그녀는 울고 있었다. 누군가에게 잘 보이려고 예쁘게 화장한 얼
굴이 눈물로 얼룩져있었고, 마스카라는 번진 채 멍하니 앉아 있는
모습이 눈에 들어왔다. 그렇게 그녀를 바라보다 그만 눈이 마주쳤
다. 서로 어색하게 시선을 피한다. 나는 노트북으로 눈길을 돌렸고
그녀도 괜스레 가방을 뒤적이며 눈길을 돌린다. 어색함을 이기지
못해 노트북으로 인터넷 화면을 막 띄우려는 순간,

"Excuse me.."

고개를 들어보니 그녀가 어느새 내 앞에 와 있다. 호텔에 전화를 해야 하는데 전화번호를 몰라, 잠시 인터넷 검색을 해도 되겠느냐고 묻는다.

"좋아, 하지만 1분에 1호주 달러야." 반은 장난스럽게, 진지한 얼굴로 농담을 건넸다.

"어, 알았어."
'어라? 웃으라고 한 이야기를 진심으로 받아들이네?'
"농담이야.~ 그럼 쓰고 돌려줘."

그렇게 시작된 인연이었다. 방학기간 남자친구와 함께 대만과 말레이시아를 여행하고 집으로 돌아가는 길이고 그녀보다 한 달 늦게 돌아올 남자친구와 헤어진 것이 너무 슬퍼서 울고 있었다고 했다. 비행기가 연착되는 바람에 우리는 좀 더 많은 이야기를 나눌 수 있었고, 내가 다 읽은 책을 그녀에게 선물하였다. '더 이상 울지 마! 첼시, 친구 찬이가'라는 문구를 써 주었다. 그저 작은 선물을 건넨 거였지만 그녀는 큰 감동을 받았었다는 사실을 나중에 알게 되었다.

브리즈번Brisbane으로 간다고 하니, 그녀 부모님이 공항에 나와 있

을 거라며 같이 부모님
차를 타자고 한다. 브
리즈번에서 만난 그녀의
부모님은 나를 마치 오
래 전부터 보아온 것처럼
따뜻하게 안아주었다. 그

이후로 매달 그녀는 가족들과의 주말여행에 나를 초대했고, 그녀
의 가족들과 남자친구와 함께 하는 바비큐파티에도 초대할 정도로
깊은 친분이 되었다. 나 역시 그녀를 초대해 한식을 대접하거나 호
주에서 사귄 친구들을 소개시켜주었고, 한국에 돌아온 지금도 자
주 연락하면서 지내고 있다. 첼시의 어머니는 매번 만나고 헤어질
때마다 안아주며 잘 지냈냐며, 잘 지내라고 말해준다. 그녀의 어머
니 성격을 꼭 닮은 첼시는 나의 호주생활에서 빼놓을 수 없는 인
연이며, 지금도 너무나 소중한 친구이다.

친동생처럼 여기는 박수정

'… 1월 7일에 호주 워킹 들어가는 데요…. 제가 잘 몰라서 같이
지낼 동행 구합니다.'

워킹홀리데이에 대해서 이것저것 알아보다 우연히 들어간 인터
넷 카페에서 같은 날짜에 입국하는 사람이 쓴 글이 눈에 띄었다.
혼자 지내는 것이 이제 익숙했던 터라 함께 지낼 생각은 없었지

만, 입국하는 도시나 심지어 시간대까지 비슷해 덧글을 남겼다.

"저도 같은 날 비슷한 시간에 입국하네요. 현재 태국에 있고요, 여기서 바로 호주로 갑니다. 좋은 친구가 되었으면 좋겠네요."

그 후 어디서 보자는 말을 끝으로 연락이 끊어졌다. 첼시의 도움으로 편안히 브리즈번 시내까지 올 수 있었던 나는 곧장 약속한 장소로 향했고, 그곳에서 수줍음 많은 부산 아가씨를 만났다. 나와 같은 박씨 성을 가진 수정이는 대학을 다니다 휴학을 하고 호주로 왔는데, 여행 경험은 나보다 훨씬 많은 베테랑이었다. 여행이야기를 하며 금세 친해질 수 있었다. 둘 다 호주에 대한 정보가 많지 않았기에 서로 의지할 수밖에 없었고, 자연스레 친해질 수 있었다. 힘든 타지 생활임에도 늘 밝은 모습과 긍정적인 마음으로 생활하는 것이 너무 예뻐 보였다.

내가 호주를 떠난 뒤 한 달 후에 수정이도 여러 군데 여행을 다녀온 후 워킹홀리데이를 끝냈다고 한다. 언제가 될지 모르지만 그녀는 그동안 쌓은 경험을 바탕으로 그녀가 꿈꾸는 멋진 인생을 살 거라고 믿는다.

콜롬비아나(Colombiana), 빠올라(Paola)

"Hola~ How are you?"

낯선 남미식 억양에 탱탱한 구릿빛 피부, 첫 만남에도 볼에 뽀뽀하며 반갑게 맞아주던 그녀. 콜롬비아에서 온 그녀의 이름은 빠올라Paola였고, 나의 룸메이트인 콜롬비아 친구 에스나이더를 찾아온 손님이었다. 에스나이더와 절친한 친구의 약혼녀라고 소개한 빠올라는 멜번Melbourne에서 공부를 하고 있는데, 호주에 온 지 얼마 되지 않아 그녀가 말하는 영어는 알아듣기 힘들었다.

에스나이더는 주간에는 학교, 야간에는 일을 하다 보니 브리즈번에 있는 동안 통 시간을 빼지 못했다. 다행히 그녀가 머물던 3일간은 내가 빈 시간이라 그동안 나도 못 가본 브리즈번 동물원 론 파인Lone Pine을 기회다 싶어 함께 다녀왔고, 오랜만에 친구들을 불러 모아 바비큐파티도 벌였다. 짧은 시간이었지만, 활발한 그녀의 성격 덕에 우린 금세 친해졌고 많은 이야기도 나누었다.

이미 나보다 8살이나 많던 그녀는 콜롬비아에서 건축디자이너로 일했지만 좀 더 큰 곳에서 일하고 싶어 영어를 배우려고 호주로 유학을 왔다고 한다.

그녀와는 단 3일간의 짧은 만남이었지만, 그 인연으로 현재까지도 연락을 주고받으며 지낸다. 멜번에서 아직도 공부 중인 그녀는 이제는 능숙한 영어를 구사하며, 내가 회사 일 때문에 스페인어가 필요할 때 내게 많은 도움을 주고 있다. 나이에 메이지 않고, 자신의 꿈을 위해 과감히 모든 것을 포기하고 새로운 도전을 할 수 있는 용기가 아직도 내게는 큰 감동으로 남아있다.

최후의 만찬, 파스칼

단 하루 동안의 만남이 호주까지 이어진 독일인 파스칼Pascal. 그와는 베트남 호이안Hoi An에서 냐짱Nha Trang으로 가던 야간 침대버스에서 만나 냐짱에서 머물던 하루(24시간)를 함께한 것이 전부였다. 스쳐가는 다른 여행자처럼 예의상 페이스북facebook 아이디를 묻고 등록해두었지만 호주에서 다시 만날 것이라고 기대하지는 않았다.

나중에 호주 브리즈번에 도착한 후 자리를 잡고, 한 번 보자고 인사를 남겼는데, 정말 브리즈번까지 그가 찾아왔다. 녀석은 시드니에서 출발해 동북쪽 해안을 타고 골드코스트Gold Coast에서 서퍼Surfer생활을 하며, 시간을 보냈다고 한다. 그 후 일자리를 찾으려고 했지만 쉽지 않아 이곳저곳 알아보다 포기하

려던 참에, 브리즈번에 내가 자리를 잡았다 하니 마지막 희망을 갖고 찾아온 것이다. 하지만 당시 내가 해줄 수 있는 것은 돈이 궁한 녀석을 위해 한국식 저녁을 해주고, 술이나 담배를 나눠주는 것이 전부였다. 하지만 그 녀석이 머물던 2주간 정말 많이 친해졌다.

녀석은 나름 일자리를 구하려고 했지만 결국 포기하고 독일로 돌아가겠다고 했다. 조금 아쉬운 생각에 친구로서 주제넘게 잔소리도 했지만 마음을 돌릴 수는 없었다. 출발하는 날까지 숙소에 머물 돈마저 충분치 않아 우리 집에서 이틀간 함께 지냈다. 떠나기 전날 저녁, 퇴근해서 씻고 나왔는데 돈도 없다는 녀석이 양손 가득 장을 봐왔다. 그동안 너무 고마웠다며, 오늘은 자기가 독일식 음식을 준비해주고 싶다며 남은 돈을 탈탈 털어 비싼 정통 독일 맥주까지 사왔다. 그가 만들어준 독일식 만찬은 감자와 소고기, 샐러드가 조합된 여느 서양식과 크게 다르지 않았지만, 내게는 세상 어느 음식보다 가장 맛있었다.

그렇게 둘 만의 만찬이 끝나고, 그는 독일로 떠났다. 내가 독일에 갔을 때 꼭 다시 만나려 했지만, 시간과 거리상 결국 다시 만나지 못했다. 하지만 독일 여행을 위해 그가 미리 알려준 많은 정보 덕에 좀 더 편하게 그의 나라를 여행할 수 있었다.

    정말 다양한 사람들이 여러 가지 이유로 워킹홀리데이를 선택한다. 어떤 이는 잠시 현실에서 벗어나기 위해, 어떤 이는 공부를 위해, 어떤 이는 새로운 경험을 위해, 또 어떤 이는 즐기기 위해 워킹홀리데이라는 제도를 이용해 타국으로 향한다. 그리고 평생 다시 해 보지 못할 단 한 번의 기회를 통해 새로운 경험을 하면서 젊음의 시간을 보낸다.

    그 수많은 경험 중에서도 다양한 사람들을 만나는 것을 최고의 경험으로 여기는 나로서는 호주에서 만났던 친구들과의 기억들이 무척이나 소중하다. 이들과 만나고, 대화하고, 이해함으로써 조금이나마 다양한 시각으로 세상을 바라보는 기회가 되었다. 비록 짧은 시간이었지만 그렇게 만난 친구들과 같은 추억을 공유하고, 언젠간 다시 볼 수 있을지도 모른다는 생각이 즐거운 일상의 활력소가 된다.

Episode 13

강도, 차 사고, 폭행 시비까지, 아, 내게 왜 이래요? 정말!

여느 날과 다름없는 아주 평범했던 날이었다. 평소와 달라진 건 퇴근 후 첼시를 시내에서 만나기로 했다는 것뿐이었다. 시내 한 커피숍에서 일하던 첼시와 오랜만에 만나 즐거운 시간을 보냈다. 밤 10시쯤 첼시는 집으로 돌아갔고 나 역시 집으로 향했다.

집에 가던 길, 우연히 한 집에 같이 지내던 친구를 만나 함께 집으로 향했다. 둘이 이야기를 나누며 걷고 있는데, 갑자기 평소와 다른 분위기가 느껴졌다. 우리 앞에 두 명의 백인이 걸어왔다. 한 명은 키가 크고 빼빼 마른 체형, 다른 녀석은 키는 작지만 몸이 단단해 보였다. 그 녀석들이 우리를 막 스쳐지나갈 때쯤, 키 작은 녀석이 무턱대고 내게 주먹을 날렸다. 생각지도 못한 일이었다.

몸이 휘청하며 손을 땅에 짚을 정도로 큰 충격이었다. '강도다.' 순간적인 생각이 스쳤다. 일단 몸을 빨리 일으켜 자세를 가다듬었

다. 그때 뒤에서 함께 오던 셰어메이트^{Share mate}의 비명 소리가 들렸다. 키 큰 녀석이 셰어메이트의 가방을 빼앗은 것이다. 나에게 위협을 가하던 녀석은 키 큰 녀석이 가방을 뺏자 곧 뒤돌아서 도망가기 시작했다.

"여권, 여권이 거기 있어요. 꼭 찾아야 해요."

셰어메이트가 울며 소리쳤다. 호주에 온 지 며칠 되지 않은 친구인데, 아직 적응도 하기 전에 이런 일이 터진 것이다. 곧 놈들을 향해 뛰기 시작했다. 재밌는 것은 그 녀석들이 셰어메이트가 소리치니까 도망치던 와중에도 가방에서 여권을 찾아 뒤로 던져준다. 여권을 주우라고 말하고 난 계속 놈들을 따라갔다.

놈들이 도망간 곳은 공원 쪽이다. 마침 공원을 청소하던 사람이 있어, 공원 경비를 불러 달라 부탁하고 놈들이 사라진 곳으로 따라 올라갔지만 놈들을 찾을 수 없었다. 공원을 터덜터덜 내려오는데, 공원 경비가 부른다. 공원 사무실에 들어가니 셰어메이트는 울고 있고, 공원 경비는 내게 이것저것을 묻는다. 다행히 나는 인상착의를 기억하고 있었고, 공원에 달린 수많은 감시 카메라에 놈들 얼굴이 선명하게 찍혀 있어, 경찰이 오면 금세 일이 처리될 것이라고 우리를 안심시켰다. 5분도 안 돼 관할 경찰이 도착했고, 이거저것 물어보자 기억나는 대로 침착하게 대답하고, 얼마나 갑작스러운 상황이었는지, 분하고 억울하다는 것을 표현했다.

그 형사들은 두 시간 내로 퀸즐랜드^{Queensland}에 놈들이 수배될 터니 금방 잡을 수 있다고 했다. 진술을 마치고 집으로 돌아왔는데, 입에서 피가 터지고 턱이 얼얼한데도 그냥 헛웃음이 나왔다. 아무것도 못한 내 자신이 부끄럽고 우스워서 허탈했던 것 같다.

다음날 오전, 출근하기가 무섭게 경찰로부터 전화가 왔다. 놈들을 잡았으니 진술을 부탁한다고 하여 점심시간에 맞춰 경찰서로 향했다. 통역사가 따라 들어왔고, 비디오 녹화 및 음성 녹음과 함께 진술이 시작되었다. 최대한 기억나는 대로 자세하게 알려달라고 해서, 본대로 최대한 전부 설명해주었다. 한 시간 가까이 진술을 끝내니 형사가 사건 이후에 있었던 사실을 이야기를 해줬다. 전날 저녁에 형사가 말한 대로, CCTV에 찍힌 놈들의 사진은 경찰들 PDA로 전송되었고, 시내 모처 클럽에서 놀다 붙잡혔다고 한다. 처음에 놈들은 부인했지만 추궁 끝에 자백을 받았고, 가방을 버린 장소까지 모두 실토해 잃어버린 물건도 전부 되찾을 수 있었다. 폭력을 사용한 강도였기에 이들은 바로 수감될 것이라고도 하였다.

하루 만에 일 처리가 잘 끝나 다행이라 생각하고 오후에 사무실로 복귀했다. 근데 그날 오후, 일진이 사나운 건지 교통사고까지 나버렸다. 정지 신호로 바뀔 때쯤이라 차를 세웠는데 뒤차가 그대로 내 차를 박은 것이다. 회사 차가 튼튼해서 난 다행히 큰 부상은 없었지만 상대편 차는 보닛이 찌그러지고, 냉각수가 피어오를 정도로 처참했다. 사고 이후 목이 아파서 며칠간 고생했지만 그래도 다행이라고 스스로 위로했다.

교통사고가 난 그 주말에는 룸메이트인 에스나이더가 자신의 친구라며 사우디아라비아에서 온 친구를 소개시켜 주었다. 간만에 쉬는 주말이라며, 맥주를 잔뜩 사와서는 내게도 마시라며 건넸다. 맥주를 한창 마시는데, 이 친구들이 마리화나를 펴대기 시작한다. 잠시 후 기분이 좋아졌는지 텔레비전에 칫솔이 나오면 칫솔이 나온다고 웃고, 의자가 나오면 의자가 나온다고 웃는다. 참으로 어이가 없었지만 적당히 맞춰주며 함께 놀았다.

기분이 좋아진 녀석들이 클럽에 가자며 나를 끌어낸다. 며칠 전 강도 사건에 차량 사고까지 있어 조용히 지내려 했건만, 워낙 귀찮게 보채는 통에 어쩔 수 없이 따라 나섰다. 클럽에 간 것까지는 그래도 좋았다. 에스나이더는 여전히 마리화나에 취해있었고, 돌아오던 길에 드디어 일을 만든다. 술에 취한 여자애들 네 명과 말다툼을 하는 것이 보였고, 잠시 후 내 어깨를 누군가 잡기에 돌아보는데 갑자기 얼굴로 주먹이 날아들었다. 이유도 모르고 얻어맞은 나는 그녀 팔을 붙잡고 "내가 뭘 했는데? 왜 날 때렸냐?"고 화를 냈다. 하지만 술에 만취한 그녀는 내게 계속 욕을 해대며 덤벼들었고, 나는 손목을 붙잡은 채 경찰서에 전화를 했다.

신고를 하고 경찰을 기다리는데 에스나이더가 여자를 풀어주라고 부탁한다. 나는 잔뜩 열이 받아서 욕을 하며 싫다고 하니, 자기 마리화나 한 것도 들통이 날 거라고 제발 봐달라고 애원을 한다.

'아, 녀석이 마리화나를 했지….' 결국 여자 손목을 놓아주었다. 후다닥 먼 길로 사라지는 여자애들의 뒷모습을 바라보며 나는 경찰에 다시 전화했다.

"미안합니다. 말로 해결했어요. 안 오셔도 됩니다."

집으로 돌아가는 동안 에스나이더는 나에게 계속 사과했지만 난 아무런 대꾸도 하지 않고 집으로 들어갔다. 엊그제 강도에게 맞은 턱이 아직도 얼얼한데, 교통사고로 목도 아프고, 이젠 눈에 멍까지 들게 생겼다. 참, 나도 가지가지 한다. 정말 어이가 없어 한동안 베란다에서 멍히 하늘만 쳐다보고 있었다.

'대체 내게 무슨 일이 생긴 거지? 그래. 집터가 안 좋은 거야 옮기자.'

당시 머물던 집은, 아파트 4동 4044호. 그동안 아무 탈 없이 잘 지냈으면서도 괜스레 아파트 탓으로 돌린다. 다음날 바로 짐을 챙겨 집을 나왔다. 원래 한 달 전에는 알려야 함에도 당시 하우스 마스터였던 에스나이더에게 무척이나 화가 난 상태였으므로 그 집에서 바로 나와 버렸다. 물론 난 집을 구하지 못해 며칠간은 고생을 해야 했다. 이 모든 사건이 일주일도 채 안돼서 벌어진 것들이니 이미 몸과 마음은 만신창이가 되어 버렸었다.

　　지금 생각해보면 다 추억이고, 웃으며 말할 수 있지만 당시에는 아주 힘들었던 기억들이다. 그 후로 어느 나라에서건 밤길은 항상 주의하였고, 운전은 좀 더 신중하게 되었으며, 어디서든 술을 과하게 먹는 친구들은 경계하게 되었다. 건강히 집에 돌아가는 것이 목표가 된 것이 아마 이때부터였던 거 같다.

Episode 14

모레톤섬에서의 추억과
호주를 정리하며

　호주 브리즈번에서만 6개월여를 머문 탓에 실제로 호주 여행은 계획했던 것보다 많이 하지 못했다. 하지만 여행만큼 경비를 모으는 것도 중요했으므로 크게 후회되지는 않는다. 틈틈이 이곳저곳 돌아다닌 덕에 브리즈번 인근은 현지인 못지않게 많이 알게 됐다. 그 중에 모레톤섬^{Moreton Island}은 꼭 한 번 가보고 싶었는데, 호주를 떠나기 한 달 전쯤에 드디어 갈 기회가 생겼다.

　모레톤섬은 야생돌고래에게 직접 먹이를 줄 수 있는 프로그램도 있어 관광객들에게 인기가 있다. 수상 레포츠로 유명한 프레이저 섬^{Fraser Island}과 함께 여행하고 싶은 호주의 대표적인 섬이다. 두 군데 다 갈 형편이 되지 않아, 한 군데만 선택해야 했는데 난 모레톤섬을 선택했다. 호주의 겨울 시즌이 다가오는 6월에 갔던 터라 날씨도 춥고 비도 내렸지만, 호주에서 잊지 못할 여행 중의 하나였다.

모레톤섬은 개별적으로 갈 수도 있지
만, 여행사를 통하는 것이 더 싸고 편할
듯하여 여행사에 예약을 했다. 모레톤섬
으로 가는 선착장은 생각보다 많이 허름
하고 초라하게 느껴졌다. 더군다나 아침
부터 비가 내리고, 한기마저 돌아 이 여
행이 걱정되기도 했다. 하지만 그런 것들
은 모두 기우에 불과했다.

바람은 많이 불었지만 다행히 비는
그쳤고, 리조트에서 생활하기에는 문제
가 없었다. 옷을 갈아입고 카메라를 들춰 메고 밖으로 나왔지만
결국 재미를 못 느끼고 숙소로 되돌아왔다. 창밖으로 보이는 수평
선 너머로 저녁노을이 무척이나 아름답게 물들고 있다. 멍히 노을
을 바라보다 문득 호주에서의 시간이 얼마 남지 않았다는 것을 깨
달았다.

이제 겨우 한 달 뒤면 다시 배낭을 메고 길 위에 서야 한다. 처
음 도착해 집을 구하고, 일자리를 찾고자 노력했던 순간들이 떠올
랐다. 그리 길지 않지만 어느새 새까맣게 탔던 몸은 다시 하얗게
돌아왔고, 늘 분신처럼 지니고 다니던 복대, 카메라, 컴퓨터들은
방 한구석에 아무렇게나 내팽개쳐져 있었다. 방황하던 나그네가 다
시 한 사회의 일원이 되는 데 오랜 시간이 필요치 않다는 것을 깨

달았다. 동남아시아와 인도, 네팔을 떠돌며 후미진 게스트하우스 도미토리 침대에 누워 잠을 청하던 내가, 지금은 다시 길 위에 서서 그때처럼 할 수 있을까를 걱정하고 있는 것이다.

　서서히 어둠에 묻혀 가던 해가 아주 강렬한 붉은 빛을 토해내는가 싶더니 시나브로 사라져 버린다. 순간 모레톤섬은 파도소리만 들릴 뿐 무척 고요하게 느껴진다. 이 고요를 깬 것은 돌고래 먹이 주기 체험이 시작된다는 안내 방송이었다. 수영복을 갈아입고 밖으로 나가니 신청자 명단을 파악하고, 팀을 나눠 체험 프로그램에 대해 설명해 주었다. 생각보다 몸집이 컸던 돌고래가 자연스럽게 사람들이 주는 먹이를 먹는다. 야생 바다에서 사는 돌고래가 능숙하게 사람과 어울릴 수 있다는 것이 그저 신기할 뿐이고, 돌고래가 얼마나 똑똑한 동물인지 새삼 깨닫는 순간이다. 야생 돌고래를 직접 만질 수 있다는 기대뿐만 아니라, 이러한 시스템을 잘 관리하고 발전시킨 저들의 노력이 무척이나 부러웠다. '누가 이런 생각을 해냈을까?'

다음날 아침 눈부신 태양이 기분 좋게 나를 일으켜 세운다. 어제와 달리 날씨도 쾌청하다. 난파선이 리조트에서 멀지 않은 곳에 있다는 정보를 미리 입수했던 터라, 산책을 할겸 카메라를 달랑 메고 밖으로 나선다. 난파선은 저 멀리에 보이는데도 가도 가도 끝없는 백사장. 40여 분을 걸어서야 겨우 도착할 수 있었다.

난파선 근처에는 많은 사람들이 모여 스노클링Snorkeling을 즐기고 있다. 리조트 체크아웃 시간이 정해져 있어 아쉽지만 잠시 둘러본 후 서둘러 돌아서야 되는 것이 못내 아쉽다. 새파란 하늘과 그 보다 더 진한 군청의 바다. 펠리컨과 돌고래 그리고 갈매기들의 천국 모레톤섬이 떠날 무렵이 되서야 아름다운 모습을 곳곳에서 보여준다. 멀리서 다가오는 배를 바라보며, 마지막까지 여기저기 모습을 카메라에 담았다.

이제 얼마 남지 않은 시간 동안 미국 여행을 계획해야 하고, 호주 여행도 해야 한다. 호주에서의 마지막 일주일은 시드니에서 보냈고, 돌아오자마자 다음날 바로 미국행 비행기에 올랐다. 마냥 좋지도, 싫지도 않았던 호주에서의 생활, 반은 여행의 일부였지만 또 다른 반은 여행을 잠시 멈춘 시기였다. 목표로 했던 비용을 다 모으지 못했고, 생각보다 일정은 더 길어졌다. 내게 있어 워킹홀리데이는 여행자도 아닌, 온전히 돈을 번 것도 아닌, 그렇다고 영어를 배운 것도 아닌 어정쩡한 결과를 낳았다.

호주에서의 워킹홀리데이는 아마 다시 경험하기 힘든 추억 속의 한 부분이 되겠지만, 좋은 인연과 좋은 기억 그리고 소중한 경험들은 영원히 남아 앞으로 내 삶에서 중요한 부분이 될 것이라 확신한다. 혼자 하는 여행이지만, 이렇게 길 위에서 만난 모든 사람들이 있어 나는 다시 또 길 위에 홀로 설 수 있다. 이제, 미국이다. Good bye, Australia.

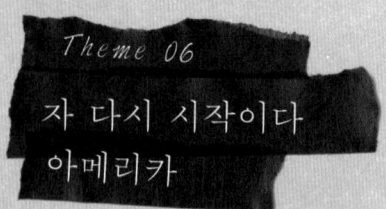

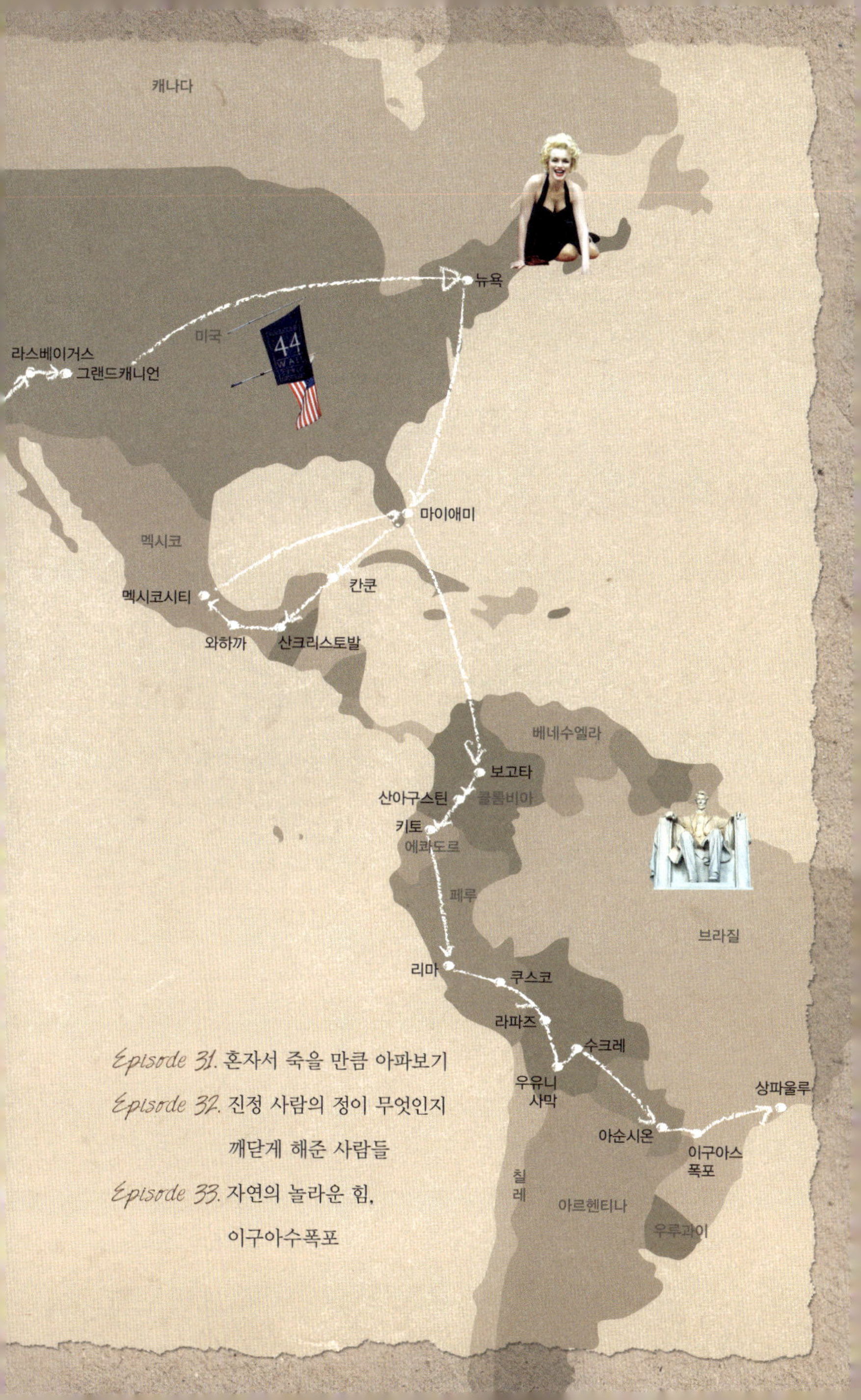

캐나다

뉴욕

라스베이거스
그랜드캐니언

미국

44

마이애미

멕시코

칸쿤

멕시코시티

와하까   산크리스토발

베네수엘라

보고타
산아구스틴   콜롬비아
키토
에콰도르

페루

브라질

리마   쿠스코

라파즈

수크레

우유니
사막

아순시온

상파울루

이구아스
폭포

칠
레

아르헨티나

우루과이

Episode 15

Welcome to USA?!(미국)

미국 여행은 입국부터 출국까지 늘 그들의 시스템에 부딪혀 고생을 해야만 했다. 내가 돌아본 국가들 중에서 이만큼 입국과 출국에 문제가 많던 나라는 미국 말고는 없었다. 하지만 욕도 할 수 없을 만큼 철저하게 계획된 그들의 시스템으로 인해 혼자서 분을 삭일 수밖에 없었다. 처음은 호주에서 표를 발권하려고 줄을 서면서부터 시작됐지만 난 꿈에도 문제가 있을 거라고는 생각하지 못했다.

브리즈번 공항에서 발권하려고 기다리는데, 항공사 직원들이 돌아다니며 ESTA 승인 신청을 했는지 일일이 체크를 한다. 미국 여행 준비를 하면서 이미 한 달 전에 미리 신고하여 승인을 받았기에 걱정 없이 줄을 서 있었다. ESTA를 확인한 직원이 입국심사 시 사용하는 입국신고서를 나눠준다.

문제는 여기서 시작됐다. 그동안 여행하면서 직접 눈으로 보고 숙소를 정했기에 미국 여행도 만만하게 생각하고 숙소를 예약해두지 않은 것이 화근이었다. 물론 여행루트를 계획하면서 어디쯤에 숙소가 있는지, 어떻게 이동하면 될지 등은 기록해뒀지만 정작 숙소는 예약하지 않았다. 한참을 기다리다 공항 직원에게 지나가는 말로 물어보았다.

"여기 입국신고서에 숙소 적는 거 안 적어도 되지?"
"아니, 반드시 모든 사항을 기재해야 해. 만약 하나라도 적지 않으면 항공권 자체를 발급해주지 않아."

지금껏 어느 나라에서도 그런 적이 없었기에(상대적으로 우리보다 못사는 아시아 국가만 돌아다녀서 잘 몰랐다.) 발권 자체를 거부한다는 게 말도 안 되는 소리로 들렸다. 하지만 지금은 어떻게할 수 없는 일이다.

"아, 내가 미처 숙소를 예약 못했는데, 쫓겨나더라도 미국에서 쫓겨날 테니 일단 나 항공권은 끊어줘."

뭐 어떻게든 미국에서 해결할 수 있을 꺼라 생각했다. 하지만

항공사 직원의 완강한 거부로 결국 줄에서 빠져나와 숙소부터 예약하기 위해 노트북을 켰다. 눈에 띄는 대로 부랴부랴 숙소를 찾기 시작했다. 다행히 미리 봐둔 몇 군데 숙소가 있어 예약은 그리 어렵지 않았다. 하지만 사람들이 워낙 많아서 일찍 공항에 왔음에도 체크인을 하기까지 상당한 시간이 더 걸렸다.

그렇게 발권을 마치고 비행기에 탑승하여 13시간의 비행 끝에 드디어 미국 로스앤젤레스공항에 도착했다. 하지만 도착해서도 입국은 쉽지 않았다. 비행기가 쉴 새 없이 오르내리면서 토해내는 사람들에 묻혀 입국심사는 한참을 기다려야 했고, 겨우 순서가 되었지만 입국심사대는 심사가 아닌 심문을 하는 듯했다.

앞에 사람들은 5분 정도면 심사를 마치는데 나는 30여 분 동안 붙잡고 놔주질 않는다. 나의 미국 여정에 대해 낱낱이 다 알아야겠다고 작정을 했는지 시답잖은 질문까지 한다. 나는 입국이 거절될까 걱정스러워 일일이 답변을 착실하게 했다.

"LA에 얼마나 머물 거야?"
"LA에 있는 숙소를 예약한 거 맞아?"
"그 다음에는 어디로 가는데?"
"뭐 타고 이동해?"
"거기서는 며칠 동안 머물 건데?"
"어디서 머물기로 한 거야?"

이런 식으로 미국 여행 일정에 있는 도시마다 전부 물어보았다. 심지어,

"마이애미가 미국 여행의 끝이네? 그 담에는 집에 가는 거야?
"오호 남미로 간다고? 남미는 어디 어디 갈 건데?"
"얼마나 여행하는 건데?"

남미 여행에 대해서까지 간섭하고 나선다. 아마 내가 진짜 미국을 벗어나 여행할 건지를 떠보는 것 같았다. 그 모든 질문이 끝나자 이제는 내 경비며, 직업을 물어 본다.

"아~ 그래, 그렇게 여행하는 거구나? 돈 많네~ 돈은 어디서 생겼어? 부모가 준거야?"
"여기 학생이라고 적어놨는데, 여행 끝나면 다시 공부하는 거야?"
"여행은 혼자 해? 아님 다른 일행은 있어?"
"마지막으로 한 가지 더 물어볼게. 질문이 많았지? 근데 미국에 혹시 친구라던가 아는 사람이나 친척들 없어?

마지막 질문에 내 대답까지 전부 듣고 나서야, 그제야 웃으며 도장을 찍어준다.

앞에서는 억지로라도 웃어 보였지만, 여권을 받아들고 돌아서면서 혼잣말로 대답해줬다.

'니들보다 못사는 나라에서 오니까 너희 나라에 죽자고 남아서 일할 것 같냐? 이딴 나라에 살아 달라 부탁해도 안 산다. 걱정 마라.'

입국심사대에 줄지어 기다리던 사람들은 내가 너무 길어지자, 지들끼리 쑥덕이는데 그것 또한 상당히 불쾌했다. 하지만 나는 그래도 양반이었다. 나중에 라스베이거스에서 여러 친구들과 이야기를 나눈 적이 있는데, 나는 그래도 정말 일찍 심사를 마친 편이었다.

한 친구는 3시간, 또 한 친구는 4시간이나 잡혀 있었단다. 대부분의 여행자들은 기본이 15~30분이라고 했다. 그 이야기를 하면서 얼마나 미국을 씹어줬는지 모른다. 그런데 정말 웃긴 건, 내가 돌아본 나라 중에서는 유일하게 출국심사가 없었던 곳이 미국이었다. 출국심사장이라는 것 자체가 없다. 그렇게 짐을 찾고, 공항 외부로 통하는 교통편을 알아보니 슈퍼셔틀 Super Shuttle이라는 서비스가 있었다. 피곤하기도 했고, 다 귀찮아져서 숙소 앞까지 데려다준다는 그 서비스를 이용하기로 했다. 좋은 차는 아니었지만, 편하게 이용할 수 있어 좋았다. 숙박비보다 두 배 가까이 비싼 그 차를 타고, 그렇게 미국의 첫 숙소에 도착했다.

Episode 16

하늘은 견딜 만큼의 시련을 주고, 그 시련을 통해 성장한다

LA에서 5일간 머물고 라스베이거스로 넘어왔다. LA에서는 특별히 무엇을 했다기보다 도시투어를 하면서 천천히 미국이라는 곳에 적응을 하는 시간이었다. 하지만 매일 매일 파티가 열리는 이곳 라스베이거스는 정말 세상의 향락을 다 모아둔 듯했다. 밤새 클럽과 카지노에서 놀다가 해가 뜰 때쯤 숙소로 돌아와 샤워를 하고 나면 조식이 나온다. 간단히 아침을 먹고 추울 정도로 시원한 방에 들어가 잠을 청한다. 땅이 지글지글 끓는 한낮에는 세상모르고 잠을 자다 오후 3~4시경 부스스 일어나 하루의 일과를 시작한다.

먼저 편의점에서 맥주와 라면, 혹은 빵을 사 들고 와서 간단하게 요기를 해결하고, 맥주를 들이키기 시작하면 멤버들이 하나둘씩 모여든다. 그렇게 초저녁부터 왁자지껄 떠들다 보면 어느새 밤 10시. 옷을 갈아입고 머리에 왁스를 바른 후 새로운 밤을 즐긴다. 이제껏 어디서도 경험해보지 못한 말 그대로 미친 듯이 노는 생활, 그것이 나의 라스베이거스 생활이었다.

　사실 저녁에 나가면 하는 것도 별로 없다. 정작 클럽에서는 맥주 한두 잔 정도 마셨고, 카지노에서도 1센트짜리 게임이나 두어 번 즐기고 그냥 다른 친구들의 게임을 구경했다. 클럽은 자정이 되면 공짜 손님은 나가야 했고, 워낙 도박에는 젬병이라 카지노 게임을 즐기지도 못했다. 그래도 사람들과 어울리는 건 잘해서 라스베이거스에서도 재미있게 보낼 수 있었다.

　라스베이거스에서의 생활은 늘 즐거웠다. 여느 날과 다름없이 저녁에 숙소에 있는 친구들이 모여 맥주를 마시고 있는데 토마스라는 친구가 합석했다. 그가 처음 본 사람이면 어떻고, 낯선 사람이면 또 어떠리. 우린 모두 여행자인데.

　"헤이~ 난 오스트리아에서 온 토마스야."
　"헤이~ 친구, 앉아."
　"헤이, 반가워."

거리낌 없이 새로운 친구를 환영해주었고 와자지껄 떠들며 놀기 시작했다. 토마스도 뭔가 재미있게 웃고 떠드는 우리 이야기에 껴들고 싶어 몇 마디 말을 던지지만, 그보다 목소리 큰 녀석들이 워낙 많아 곧 묻혀버리고 말았다.

"아... 나도 말하고 싶은데 왜 아무도 안 들어주는 거야."

그 소리를 듣고 내가 웃으며 대답했다.

"풋, 헤이! 이봐 친구. 내가 듣고 있어. 내가 다 들어줄게. 무슨 말이 하고 싶은 거야?"

그렇게 우린 이야기를 시작했다. 시끄러운 와중에도 토마스가 하는 말을 잘 들어주고 대답도 해주었다. 녀석은 나를 마음에 들어 했고, 곧 다른 친구들과도 친해졌다. 음악의 도시 오스트리아 빈에서 태어나 음악을 공부하던 녀석은, 미국을 횡단하는 어떤 프로그램을 보고 자기도 해봐야겠다는 생각이 들어 어느 날 그렇게 무작정 떠나왔다고 했다. 뉴욕에서 출발해 샌프란시스코까지 가는 여정이었고, 라스베이거스는 거의 마지막 여정이었다.

이제 LA를 지나 샌프란시스코에 도착해 차를 반납하고 며칠 지내다가 뉴욕행 비행기를 타고, 거기서 오스트리아로 돌아갈 계획이었다. 여행하는 내내 동행자가 없어 무척 심심했다며, 많은 친구들을 만나 매우 즐겁다고 했다. 순진한 웃음, 착한 말투, 천성이 착한 녀석임이 틀림없다. 그렇게 하루가 지나고, 이틀이 지났다.

3일째 되던 날에는 토마스의 차를 타고 그랜드캐니언에 함께 다녀왔다. 그리고 식당에 앉아 노트북을 켜놓은 채 다른 친구들과 멍하니 텔레비전을 보고 있었다. 막 샤워를 마치고 온 토마스는 내게 노트북을 좀 써도 되냐고 묻더니 자신의 이메일을 확인했다. 근데 얼굴이 갑자기 울상이 되더니 두 눈이 뻘겋게 된다. 깜짝 놀란 나는 무슨 일이냐고 물었고, 토마스는 집에 지금 전화해야 하는데 어떻게 해야 하냐고 밑도 끝도 없이 물어 왔다.

"우리 가족, 우리 가족이, 우리 가족, 흑흑⋯."

일단 울던 녀석에게 전화를 할 수 있게 내 스카이프Skype를 연결해주었고, 토마스는 통화를 했다. 우리가 그랜드캐니언으로 신나게 차를 몰던 시각에, 토마스 가족은 고속도로를 달리다가 아버지가 졸음 운전을 하는 바람에 사고가 났고, 어머니와 동생이 많이 다쳤다고 한다. 다행히 아버지는 찰과상 외에는 크게 다치지 않아 토마스에게 메일을 보낸 것이다. 어떻게 위로의 말을 건네야 할지 몰라 그저 흐느끼는 녀석 곁에 말없이 있었다.

"찬, 밖에 같이 나가, 곁에 있어 줄래?"

"그럼, 당연하지. 음료수를 좀 가지고 나갈까?"

우리는 계단에 걸터앉아 이야기를 나누었다.

"찬, 나 지금이라도 돌아가야겠지? 어머니는 괜찮다고 여행 마치고 오라는데, 동생도 많이 다쳤고, 아무래도 지금 돌아가는 게 맞겠지? 여행은 다음에 또 할 수 있으니까, 그렇지?"

"토마스, 어떻게 말해도 위로가 되지 않겠지만, 일단은 불행 중 다행스럽게, 모두 살아 계시잖아? 지금 상황에 네가 가든 안 가든 회복하는데 큰 영향은 없을지 몰라. 하지만 네가 큰 아들로서 가족 곁에 있어 준다면 틀림없이 많은 힘이 될꺼야. 선택은 너의 몫이고, 또 당장 돌아가는 비행기 표를 구하기가 쉽지는 않을 거야. 나는 네가 현명한 선택을 할 것이라 믿어. 여행은 다시 할 수 있지만, 가족에게 힘이 되어주는 건 아무 때나 할 수 있는 건 아니야. 지금 네가 아마도 필요할 때인 것 같아."

"그래, 그래야겠지. 당장 떠날 준비를 해야겠다. 왜? 하필 나에게 이런 일이..."

"토마스, 네가 신을 믿는지 모르지만, 신은 어떠한 시련이든 견디고 이겨낼 만큼만 주고, 그 시련을 통해 성장하게끔 한다고 들었어. 이번 일을 통해 가족끼리 더욱 돈독해지고, 또 네가 이번 일을 통해 많이 성장할 거라고 생각해."

"찬, 나에게 있어 최고의 위로가 되는 말이야. 정말 고맙다. 항공권부터 검색해봐야겠다."

그렇게 토마스는 그날 밤 바로 샌프란시스코로 달려갔다. 나도 다음날이면 뉴욕으로 떠나기 때문에 연락처만 주고받고 바로 헤어 졌는데, 며칠 뒤 연락이 왔다.

'헤이~ 찬! 지금쯤 뉴욕이겠구나! 나는 잘 도착했어. 도착하자 마자 병원으로 달려갔는데 어머님은 놀랄 만큼 회복이 빠르셔 서 아주 건강하시고, 동생도 금방 퇴원할 수 있을 것 같아. 다 행히 생각보다는 사고가 크지 않아. 그래도 나 여기에 네 말 듣고 오길 정말 잘한 것 같아. 아버지도 그렇고 어머니도 그렇 고 내 동생도, 다들 너무 좋아하더라고. 내가 그들에게 힘이 될 수 있어 기뻐. 네 말대로 이번 경험을 통해 가족이 좀 더 돈독해 진 것 같아. 제대로 이별 인사도 못해 아쉬웠는데, 암튼 다음에 유럽도 온다고 했지? 혹시 오스트리아에 오면 연락 줘. 우린 너 를 따뜻하게 환영할 거야. 그들도 안부 전해달래. 그럼 또 연락 하자."

그 당시 생각나는 대로 해줬던 말이지만, 단 3일을 함께한 친구 에게 힘이 되었다는 게 너무 기뻤고 내가 대견했다. 그리고 '하늘 은 견딜 수 있을 만큼의 시련을 준다.'라는 말은 여행 내내 가슴에 남아, 여행 중 어떤 일이 있더라도 긍정적으로 이겨낼 수 있는 힘 이 되기도 하였다. 이렇게 나 역시 경험을 통해 조금씩 성장해간다.

Episode 17
정열과 열정의 도시
뉴욕

'어라...?'

뉴욕의 첫 이미지는 이 말로 시작되었다. 100년도 넘은 시궁창 지하철 이야기는 진작 들어 어느 정도 예상했다. 하지만 지하철보다 더 충격적인 것은 내가 예약한 브루클린^{Brooklyn}에 위치한 간판도 없는 숙소였다. 'Office'라고 대충 손으로 휘갈긴 종이가 입구에 간신히 붙어 바람에 날리고 있다. 어지럽게 널려 있는 쓰레기를 피해 안으로 들어가 보니 여자고 남자고 대충 널브러져 잠을 자고, 언제 먹은 건지 알 수 없는 식기들은 옆에서 나뒹굴고 있었다.

구형 텔레비전이 받침도 없이 바닥에 놓여 있고, 한 쪽에는 여행자들 짐으로 보이는 배낭이 잔뜩 쌓여있다. 인기척에 눈을 떴는지 몸집이 큰 흑인이 몸을 일으키며 나를 쓱 훑어보더니, 말없이 손가락으로 지하실 한구석을 가리킨다. 눈을 돌리니 사무실 티가 나는 작은 방이 보인다.

'knock, knock'

그 방을 알려준 녀석이 들릴 듯 말 듯한 소리와 몸짓으로 노크를 하는 시늉을 한다. '똑똑똑' 방문을 두드려도 인기척이 없더니 얼마 후 방 안쪽에서 부스럭거리는 소리와 함께 목소리가 새어나온다.

"지금 나가요. 기다려…."

문이 열렸고, 방금 전까지 자다 일어난 것으로 보이는 푹 꺼진 소파, 조용한 음악이 흘러나오는 컴퓨터, 쉬쉬 숨을 헐떡이는 공기청정기가 보이는 작은 사무실로 들어섰다.

"미안. 너무 이른 시각이라… 어제 큰 파티가 있었거든. 예약은 한 거야? 이름이?"

너무 이른 시각이라 했지만, 오전 11시가 넘어가고 있었다. 어깨를 으쓱해 보이고 예약자 명단을 확인했다. 간단한 확인절차를 끝내고, 숙소 규칙에 대해 설명을 듣고 영수증을 받았다.

"참, 체크인은 2시부터야. 그때까지는 방에 못 들어가. 짐 이쪽에 대충 놓고 너도 잠을 자던지 아니면 밥을 먹던지 해. 일이 있으면 또 와."

그렇게 마지막 말을 남기고 녀석은 사무실 문을 잠근다. 뉴욕의 저렴한 숙소에 머무르는 여행자들의 특징이 있다면 이들 중 상당수가 예술을 하는 사람들이라는 것이다. 한 달 혹은 두 달 이상 여기에 머물던 친구도 몇 있었는데, 이곳이 가장 싸기 때문이라고 했다. 여기서 머무는 동안에는 음악, 패션, 미술 등이 그들의 주 관심 대상이었고, 내게도 예외는 아니었다. 틈만 나면 그림을 그리거나 기타를 치면서 노래를 부르는데, 여행이야기나 나누던 내

게는 그들과 어울리는 것이 쉽지 않았다. 그럼에도 꿈을 향해 달려가는 그들의 열정만큼은 박수를 쳐줄만 했다.

뉴욕 여행은 지역을 크게 로어맨해튼Lower Manhattan, 미드타운Midtown 그리고 어퍼맨해튼Upper Manhattan 세 부분으로 나눠 하루 종일 걸어 다녔다. 내가 머물던 숙소에서 맨해튼을 가려면 지하철을 타는 수밖에 없었다. 뉴욕에서 유독 걷는 여행을 고집한 것은 놓치지 않고 최대한 많은 것을 보고 싶었기 때문이다.

그라운드제로Ground Zero부터 브루클린교Brooklyn Bridge를 비롯하여 브로드웨이에서 타임스퀘어까지 이르는 길들, 세계 경제를 움직이는 월스트리트와 아메리카드림의 상징인 자유의 여신상, 예술가들의 거리 소호와 노호, 미국 속의 중국 차이나타운, 작은 이태리인 리틀이태리, 엠파이어스테이트빌딩과 크라이슬러빌딩, 그리고 센트럴파크까지 전부 매일 걷고 또 걸으면서 뉴욕을 한껏 즐겼다. 5일간 매일 뉴욕의 구석구석을 걸었다.

열정. 정열. 열성. 열의. 그리고, 다시 열정.

뉴욕을 표현하기에 이보다 더 적합한 단어가 있을까? 맨해튼을 가득 메운 마천루빌딩보다 길거리에 보잘 것 없는 악사나 화가들이 뿜어내는, 공원에 걸터앉아 희망의 내일을 꿈꾸는 뉴요커들이 만들어 내는 열정적인 뉴욕 드림New York Dream을 거리 곳곳에서 어렵지 않게 만날 수 있었다.

타임스퀘어Time Square는 세계 모든 광고의 중심, 그 화려하고 어지러운 광고 홍수 속에 사람들은 모두 넋을 잃은 듯 흔들리고 있다. 나 역시 눈에 초점을 잃고 멍히 흔들리는 사람들과 광장을 바라본다. 수많은 뉴요커들이 뿜어내는 열기에 눌려 아무것도 할 수 없었다. 이곳에 넘쳐나는 열정, 그 열정이 지금의 미국을 지탱하고 있으리라.

개성이 다른 사람들이 모여 뿜어내는 엄청난 에너지. 지금도 눈 감으면 떠오르는 그때의 열정과 에너지. 여전히 내 가슴은 상상만으로도 뛰고 있다. 네팔의 안나푸르나에 올라 신에 대한 경외감이 들었다면, 이곳 뉴욕에서는 인간의 힘과 능력에 대한 경외감이 들었다

Episode 18

단 일주일의 행복,
내게는 최고의 여행지

마이애미에서 약 한 시간 거리인 팜비치국제공항^{Palm Beach International}Airport에서 이모를 만났다. 동양인이라고는 눈을 씻고 둘러봐도 안 보이는 이 동네는 미국의 유명 부자들과 중산층이 어우러져 살고 있다고 했다. LA와 라스베이거스, 뉴욕을 거쳐 도착한 이곳 웨스트팜비치에서 '내가 생각하던 이미지 속의 미국'을 만났다. 집 앞에 자리 잡고 있는 예쁜 우체통, 잘 깎여진 잔디밭, 그리고 미국 국기가 집집마다 펄럭이는 이곳은 전형적인 미디어 속의 미국 동네였다.

아직 퇴근하지 않은 가족들을 기다리며, 이모와 서로의 그간 이야기를 나누었다. 이모가 가끔 한국에 방문하긴 했지만, 내가 직접 이 머나먼 미국의 플로리다에 온 것은 처음이라 더욱 감회가 깊었다. 그리고 누구에게 도움을 빌리지

않고 혼자 준비해서 여기까지 온 스스로가 대견하고
자랑스러워 코끝이 찡해졌다. 그런 감동과 함께 이
모부와 사촌동생들과의 반가운 만남이 기다리고 있
었다.

　친척동생들은 내가 머무는 동안 나의 일정을 모두 짜두었고,
단 한순간도 집에서 시간을 보내게 두지를 않았다. 카누도 타고,
디즈니랜드도 가고, 서커스도 보고, 마이애미도 가고, 바닷가도 가
고, 볼링도 치고, 시내 구경도 했다. 특히 디즈니랜드와 서커스는
이모부, 이모와 함께 1박 2일로 다녀왔는데, 그 어마어마한 규모뿐
만 아니라 다양한 놀이기구들은 나를 10대처럼 쉼 없이 놀게 만들
었다.

　이모네 집에 머물면서 가장 인상 깊었던 것은 가정문화였다. 식
사시간의 경우 대체로 조용히 먹다가 각자 볼일 보러 가는 우리
문화와 달리, 각자에게 있었던 일을 물어보고 답해주는 모습은 내
게는 상당히 어색한 자리였다. 디즈니랜드에서도 놀이기구 탑승을
위해 30분에서 1시간씩 기다리면서도 끊임없이 이야기를 나누고,
추억을 공유하기 때문에 이런 기다림조차 하나의 문화라고 설명을
해준다. 미국식 가정문화를 무엇이라고 정확하게 표현할 순 없지
만, 왠지 부러웠다. 한 가족이 친구처럼 편하게 대화를 나눌 수 있
다는 것은 가장 이상적인 가족상이지 않을까 생각했다.

무엇보다 이모네를 방문하면서 얻을 수 있었던 가장 큰 수확은 바로 가족이라는 따스함이었다. 일부러 내가 오는 시간에 맞춰 두어 달 전부터 휴가를 맞춰 놓은 것이나, 급한 일임에도 낮 시간을 함께하고 저녁 무렵에 일하러 가기도 하셨다. 아마 여행하는 동안 주변에 아무리 많은 친구들이 있어도 늘 가슴 한편이 부족했던 것은, 이렇게 나를 따스하게 맞아줄 가족의 품으로 당장 돌아갈 수 없었기 때문일 것이다. 단 일주일의 시간이었지만 여행하는 내내 가장 편안하고 따뜻할 수 있었던 이모네 집은 히말라야나 마추픽추처럼 내가 가본 최고의 여행지 중 하나로 손꼽힌다. 이모, 이모부, 켈리, 그리고 찰리. I love you!

Episode 19

그래서 비행기를 타는 거야?
못 타는 거야?

이모네 가족과 작별 인사를 하고 마이애미 공항으로 왔다. 따뜻한 가족들의 품을 떠나 중, 남미를 향한 길 위에 서게 되었는데, 출발 공항에서부터 문제가 생겼다.

"뭐라고요? 이티켓^{e-ticket} 메일로 받은 항공권이 취소되었다고요? 말도 안돼요. 분명 제가 여기 이티켓을 가지고 있는 데도요."
"죄송합니다. 하지만 기록상에는 남아있지 않아요. 아마 결제나 다른 쪽에 문제가..."
"그럴 리 없어요. 제가 몇 번씩이나 확인했는데, 다시 확인해 주세요. 다시 한 번 더요."

계획했던 비행시간은 다가오고 나는 벌써 30분째 항공사 카운터에서 직원과 입씨름을 하고 있다. 분명 예약되어 있어야 할 탑승자 명단에 내 이름이 없다는 것이다. 언젠가 한 번

쯤은 비행스케줄로 문제가 있을 거라 예상은 했지만, 그것이 미국이 될 줄은 상상도 못했다.

"죄송합니다, 손님. 명단에 없습니다. 더 이상 손님만을 상대할 수 없습니다. 표를 구매하시거나 아니면 비켜주세요."

최후통첩이다. 빨리 현실적으로 판단해야 했다. 일단 이 문제는 메일이나 전화로 해결할 수 있을 것이다. 일단 예정대로 길을 가자.

"좋아요. 그럼 칸쿤^{Cancun}으로 가는 항공권 편도로 주세요."

얼마나 할까? 홈페이지에서 예약할 때 130불이었으니까 기껏 해봐야 200불 정도면 되겠지. 머릿속에서 비용이 빠르게 계산이 된다.

"손님, 한국 국적으로는 칸쿤에 편도로 입국할 수 없습니다."
"뭐라고요? 그럴 리가요. 입국이 거절되어 다른 나라로 가더라도 제가 직접 이야기할 테니 일단 편도로 끊어주세요."
"손님, 규정상 한국인에게는 칸쿤 편도는 발행할 수 없습니다. 가시려면 왕복티켓을 구입하세요."
"하지만 전 남미로 갈 계획이라 다시 이곳에 올 이유가 없어요."
"그건 저희 문제가 아닙니다."

"아니, 그렇게만 말씀하지 마시고, 다른 방법 좀 찾아주세요."

다시 불쌍한 항공사 직원을 붙잡고 애원하기 시작했다. 직원이 한 손님과 오랫동안 실랑이 하는 것을 지켜보던 매니저가 다가왔다.

"무슨 일이시죠?"
"칸쿤의 편도 입국을 원합니다. 전 다시 미국으로 오지 않을 거라, 다른 방법이 없을까요?"
"손님, 죄송합니다만 여기서는 무조건 왕복티켓으로 구매해야 합니다. 그럼 이렇게 하시죠. 왕복티켓을 신용카드로 구입하고, 칸쿤에 도착하자마자 바로 취소 메일을 저희에게 보내주세요. 그러면 저희 쪽에서 처리하도록 하죠."

'역시 이래서 관리자란게 필요한 거군. 그렇지. 그런 방법이 있었어.' 해결 방법이 생기니 어서 이곳을 떠나고 싶어 신용카드로 지불을 했다. 일단 어떻게든 문제는 해결한 것이다. 이제 출국심사를 받고 탑승하면 미국도 안녕이다. 분명 표지판을 따라 걸었는데 출국심사대가 보이지 않고 바로 항공사 탑승게이트가 보였다. '어라? 이상한데?' 다시 왔던 길을 되돌아갔다.

'혹시, 내가 못봤나?' 다시 반대편 끝까지 가봤지만 여전히 출국심사장은 없다. 이상했다. 그 어느 나라에서도 이런 적이 없는데. "어, 저기 잠시 만요." 공항 직원을 불러 세웠다.

"출국심사대가 어디에요? 저 출국 도장 받아야 하는데..."
"헤이, 친구. 여긴 미국이야. 가는 사람 막지 않는다고, 자유롭게
떠나라고. 다시 돌아올 땐 힘들겠지만. 하하하."
"뭐라고? 그냥 가면 된다고?"

잘못 들었나 싶어 다시 물어보았다.

"그래, 그런 거 없어. 도장 따윈 받을 필요 없어. 저기 게이트 보이
지? 거기서 네가 갈 곳의 비행기를 타고 가면 되는 거야."
"오우, 그래. 고마워."

미국은 출국심사하는 곳이 없었다. 탑승게이트로 가서 자리를
잡았다. 작은 가방을 내려놓고 나니 긴장이 풀리면서 아무데나 주
저앉았다.

'이젠 정겨운 동남아도 아니고, 친구가 있던 호주도 아니고, 아
무도 없는 곳에서 진짜 혼자 여행을 하는구나.'

그렇게 나의 미국 여행은 끝이 났다. 칸쿤
으로 향하는 비행기. 화려한 마이애미를 떠
나 이제 정열의 중남미로 향한다.

Good bye, USA! Hola, Mexico!

아름다운 캐리비안해,
아름답지 않은 캐리비안 인심

미국을 떠나 멕시코 최대 휴향지로 손꼽히는 칸쿤에 도착했지만, 물가도 비싸고 정도 안가서 칸쿤에 있는 숙소 주인한테 아름다운 캐리비언을 돈 없이 마음껏 즐길 수 있는 곳이 어디냐고 물었더니 이곳 툴룸Tulum으로 가보라고 한다. 그래서 정말 즉흥적으로 온 곳이다. 그런데 작다. 정말 작은 도시다. 버스정류장에 그 흔한 호객꾼도 없다. 일단 짐을 들고 나오니 앞서 가던 여행자 둘이 보였다.

"헤이, 나 숙소 찾는데 혹시 근처에 여행자 숙소 있어?"
"우리도 지금 봐둔 숙소로 가는 길이야. 같이 가자."

다행히 몇 안 되는 나 같은 여행자 둘을 만났고, 그 둘도 버스정류장에서 막 만난 사이라고 했다. 몇 마디 이야기를 나누다 보니 금방 숙소에 도착했다. 서비스는 정말 좋았다. 인터넷은 무료이고 저녁에는 바에서 맥주 한 병을 공짜로 준다. 전체적으로 가격도 저렴한 편이다. 모든 것이 좋은데도 느낌이 좋지 않다. 그냥 장기여행을 하다보면 채득하는 직감 같은 것이 있다. 결국 두 친구를 두고 나는 혼자 그 숙소를 나왔다. 나중에 알아보니, 그곳은 론리플래닛에도 소개된 유명한 숙소였고, 내가 봤던 대로 서비스도 좋고 매일 저녁 바에서 파티도 열렸다. 하지만 빈대가 너무 많아 머무르는 동안 엄청 고생했다는 숙소 후기 또한 무시할 수 없었다. 직감을 따라 나왔지만 몇 시간을 둘러봐도 다른 숙소는 보이지 않는다.

'아, 결국 다시 돌아가야 하나?'

길가에 배낭을 내려놓고 주저앉아버렸다. 숙소부터 구하고 식사하려고 했는데 일이 꼬이면서 허기가 밀려온다. 뭐 어차피 이렇게 된 거 느긋하게 생각하자. 근처 식당을 찾아 들어갔다. 가격표를 보니 저렴해서, 좀 많다 싶을 만큼 주문을 했다. 밥도 시키고,

치킨도 시키고, 시원한 맥주까지 배불리 먹고 한참을 식당에 앉아 있었다.

　한참을 쉬었다가 식당을 나서는데, 길 건너에 떡 하니 숙소간판이 보인다. 숙소는 2층에 있었고, 간판이 작아 보이지 않았던 것 같다. 숙소를 정하고 칸쿤에서부터 밀렸던 빨래와 샤워부터 했다. 샤워까지 했으니 힘차게 돌아가는 선풍기 소리를 자장가 삼아 달콤한 낮잠을 잤다. 이곳은 멋진 서비스도 투숙객도 많지 않은 곳이라 조용했고, 3명이 쓸 방을 혼자 쓸 수 있어 좋았다. 무엇보다 가격이 저렴해서 마음에 들었다. 그렇게 조용히 툴룸에서의 첫날밤이 지나갔다.

　둘째 날 부지런히 일어나 짐을 챙겨두고 아침식사를 대충 해결한 뒤 툴룸 유적지로 향했다. 캐리비안해를 배경으로 서 있는 환

상적인 유적지지만 유적지 못지 않게 캐리비안도 유명한 곳이다. 유적지부터 대충 둘러보고 바로 근처 해변으로 향했다. 태국의 해변도, 호주의 해변도 말할 수 없이 예뻤지만 캐리비안해는 그 어떤 수식어로도 표현하기 힘들 듯 너무 아름다웠다.

맑고 깨끗한 해변, 강렬한 태양, 종일 해변에서 뒹굴었다. 더우면 맥주 한 잔 마시다 바다로 뛰어들었고, 졸리면 그늘을 찾아 한 숨을 잤다. 으레 멋진 해변이라면 늘어선 일광욕 의자나 멋진 레스토랑이 있을 법하지만 여긴 그마저 없는 것이 더욱 맘에 들었다. 이글거리던 태양이 사그라지고, 하나둘씩 해변을 떠나갈 때쯤 나도 숙소로 돌아왔다. 비록 강렬한 태양 아래에서 뒹군 탓에 그 후유증으로 머리끝에서 발끝까지 전부 벗겨지는 아픔은 겪었지만, 툴룸 캐리비안해의 강렬한 인상과 추억은 여전히 그립다.

캐리비안해를 보고 나니 왠지 멕시코를 제대로 여행하고 싶어졌다. 일주일 정도만 머무를 생각이었기에 준비된 멕시코 정보도 많지 않아서 급한 대로 정보들을 수집했다. 다음날 아침 친절한 주인에게 감사 인사를 전하고, 저녁에 떠날 예정이라 다시 캐리비안해를 보고 올 테니 짐을 맡아달라 부탁했다. 몇 시간을 해변에서 보낸 후, 숙소로 돌아와 샤워부터 하려는데 주인장이 내 짐이 없어졌다고 한다. '그... 그럴 리가 없잖아?' 대충 손짓발짓으로 설명하는 것이, 도둑이 들어 가방을 훔쳐갔다고 한다. 말도 안 된다고 한 시간 가량 실랑이를 했다.

"나 한국에서 온 여행작가야, 작가라고. 지금 툴룸지역 숙소를 돌아다니며, 자료 정리 중이었는데 정말 실망이야, 내가 론리플래닛에도 정보를 보내는데 계속 이런 식이면 곤란해!"

알아듣든 말든, 영어에 한국어까지 섞어가며 마구 소리쳤다. 사실 나는 작가도 아니었고, 그때까지만 해도 진짜 도둑이 들었는지, 주인이 숨겼는지 몰랐다. 하지만 내가 계속 사진까지 찍어가며 한참을 따지니까 처음에는 당당했던 주인 목소리가 작아지더니 따라오란다. 그제야 멀리 창고에 숨겨두었던 내 짐을 꺼내준다. 정말 화가 났지만 따질 만큼의 스페인어를 할 수 없어 더 열이 받았다. 잠시 움찔했던 주인도 이제 짐 받았으면 가라는 듯이 다시 당당한 표정을 짓는다.

해변에 갔다 와서 씻지도 못했는데 버스 시간까지는 아직도 3~4시간을 더 기다려야 했다. 다음 목적지로 향하는 버스 안, 이렇게 아름다운 캐리비언베이에서 어떻게 말도 안 되는 일을 당하다니, 화가 치밀어 도저히 잠을 잘 수가 없었다.

Episode 21

산크리스토발에서 만난
크리스토발

'혹시 방 찾아?'

산크리스토발^{San Cristobal}은 해변이 아닌 고원지대라 날씨도 서늘해서 한기까지 느껴진다. 어서 가서 씻고 따뜻한 옷으로 갈아입고 싶었다. 일단 터미널에 있는 호객꾼을 불러 모았다. 둥글게 나를 둘러싸게 만든 후, 한 명씩 짧게 숙소를 소개할 시간을 주었다.

거리, 가격, 시설 다 고만고만했기 때문에 그냥 제일 싼 곳에 가야쥐라고 생각하는데 마지막 녀석이 거리는 조금 멀지만, 가격이 싸고, 인터넷 무료에 조식까지 준다고 한다. 또한 도미토리가 2인 1실이며, 핫샤워도 가능하단다. '오, 이런 횡재가.' 다른 녀석들에게 미안하다라고 하고 그 녀석을 따라 나섰다. 3층짜리 건물 하나와 대충 지은 듯한 가건물. 그나마 숙소가 마을 높은 곳에 위치해 있어 방에서 나오면 마을 전체가 한눈에 내려다보이고, 주변은 산들로 둘러싸여 공기도 쾌적했다.

산크리스토발은 너무도 예쁜 도시였다. 지금껏 만난 도시 중에 이만큼 예쁜 도시를 본 적이 없다. 사람들마다 기준이 다르기 때문에 절대적이지는 않겠지만, 중남미 여행 중 처음 만나는 콜로니얼Colonial, 스페인 식민시대 양식의 도시라 내게는 더더욱 예뻐 보여서 한눈에 반해버렸다. 그리고 여기서 만난 크리스토발. '여기는 산 크리스토발인데, 이 친구 이름이 크리스토발이라고'해서 내가 되물었다.

"Como te llamas(이름이 머야)?"
"Cristobal.(크리스토발)"
"Pero… aqui es.. San Cristobal.(하지만, 여기가 산 크리스토발이자나.)"
"Si, y yo soy tambien Cristobal(응, 맞아. 그리고 나도 크리스토발이야.)"
"…"

제멋대로 자란 머리와 수염, 20여 년 전에나 썼을 법한 안경테, 배낭이라 하기에 너무 초라한, 하지만 히피 같은 크리스토발에게는 이 모든 것들이 왠지 잘 어울려 보인다. 방안 여기저기 던져진 빛바랜 책들, 밖에서 뒹군 것 같은 지저분한 침낭 아마 물어보지 않아도 그 녀석 것임을 알 수 있다.

"찬. 난 찬이야. 한국에서 왔어."

씩 웃더니 피다 만 꼬깃꼬깃한 담배를 주머니에서 꺼내 불을 붙인다. 냄새가 마리화나다. 한 모금 깊게 빨더니 내게 손짓을 한다.

"피울래?"
"아냐, 괜찮아."

옅은 미소를 짓고 나는 짐을 풀기 시작했다. 잠시 비가 내리는가 싶더니 산크리스토발 전체가 짙은 안개 속으로 일순간 숨어버린다. 갑자기 찾아든 한기도 낯설고, 툴룸에서부터 갈아입지 못한 수영복 차림 때문에 추위에 덜덜 떨고 있어서 서둘러 따뜻한 물에 샤워부터 했지만, 결국 감기는 피할 수 없었다. 두꺼운 옷으로 갈아입고 마당으로 나왔다. 재채기를 하며 코를 훌쩍이던 나에게 크리스토발이 따뜻한 차를 건넨다.

"몸에 좋은 차야."

크리스토발은 멕시코 북부에서 살다가 여행을 왔고, 그곳은 멕시코시티에서 버스를 타고 한참을 더 들어가야 하는 작은 시골마을이라고 했다. 자신을 변호사라고 소개한 그 녀석은 세계를 바라보는 시야도 외모만큼이나 평범하지 않았다. 현 멕시코 정치 상황에 대해 울분을 토하기도 하고, 멕시코가 북미와 남미를 연결하는 지역이므로 이를 살려 중개무역을 확대해야 한다며 여러 사업 이야기도 했다. 하지만 안타깝게도 난 멕시코의 제반 문제를 잘 모르는데다 그는 영어에 익숙지 않고, 나는 스페인어를 잘 하지 못하니 대화 자체가 매끄럽지 않았다. 그럼에도 우리는 서로 영어와 스페인어를 섞어가며 소통하려고 노력

했다. 덕분에 재래시장에서 파는 음식을 먹을 때는 음식에 대한 설명을 들을 수 있었고, 그의 친구네 집에 놀러가 현지인의 삶을 들여다 볼 수 있는 기회도 가질 수 있었다.

"비틀즈 알아? 거기에 존 레논 있지? 그 사람이 내 영웅이야. 사실 이 안경과 머리도 전부 따라한 거야."라며 재킷을 들춰 티셔츠에 그려진 존 레논의 얼굴을 보인다. 너무 진지한 녀석의 얼굴 때문에 웃을 수가 없었다. 살며시 미소를 띠며 "그랬구나."라고 대답했다. 돈이 없다고 낱개로 파는 까치담뱃값을 흥정하거나 목이 마르지만 돈이 없어 참는다는 놈이 헌 책방에서 파는 옛날 책은 어떻게 사들이는지 이해가 되지 않았다. 배고프다며 자기 친구네 집에 함께 가자고 데려가서는 능청스럽게 차와 음식을 얻어먹고, 점심을 해결했다며 내게 눈을 찡긋했다. 이 녀석은 말이 아닌 가슴으로 통하는 친구라는 생각이 들었다.

5일을 머물렀지만 아름다운 마을 풍경과 마음 맞는 친구가 있기에 더 머물고 싶었다. 하지만 크리스토발은 여행 막바지라 곧 떠나야 했다. 결국 그의 출발날짜에 맞춰 나도 떠나기로 했다. 떠나기 전날 우린 모닥불 앞에 앉아 미지근한 맥주를 마셨다. 부슬비에 모닥불 타는 소리를 들으며 우리는 헤어짐의 인사를 나눴다.

　마지막 날 아침에 눈을 뜨면서부터 계속 내 일정을 물어왔다. "버스 언제 타? 언제 떠날 거야?" 그러더니 같이 재래시장에 놀러가자고 한다. 무언가를 찾는 것처럼 한참을 두리번거리더니 책갈피를 파는 가게 앞에 쭈그리고 앉는다. 책이 많으니 책갈피를 사려했다. 그를 두고 이곳저곳을 기웃거리고 있었다. 얼마 후 녀석이 밝게 웃으며 내게 급히 다가온다. 그리고 내게 책갈피를 내미는데 내 생일에 맞는 마야 상징이 있는 책갈피였다. 그곳 주인에게 부탁했는지, 내 이름까지 적혀있었다. 감동하려는 내게 그가 정말 감동적인 한마디를 한다.

"Muchas Gracias, Amigo.(고마워 친구)"
"Amigo, just remember, you have friend in Mexico. you can come Mexico always. I'm here Mexico."
(친구, 이것 하나만 기억해. 넌 멕시코 친구가 생긴 거야. 언제든지 네가 원하면 멕시코로 와. 난 항상 여기에 있으니.)

다시 미국으로
돌아가라고?

멕시코에 머문 지 벌써 3주가 되어가고 있었다. 다음 목적지인 콜롬비아 보고타^{Bogota}로 넘어가야 했지만 마땅한 항공권을 찾기가 쉽지 않았다. 시간은 계속 흐르고, 더 이상 찾아봐야 나올게 없다는 생각에 고르고 고른 항공사가 에어로멕시코^{Aero Mexico}였지만 스케줄이 복잡했다. 멕시코시티에서 미국 마이애미로 갔다가 10시간 대기 후 란칠레항공^{LAN-Chile}을 타고 보고타로 향하는 것이었다.

'10시간! 그것도 마이애미에서, 다시 미국으로 돌아가라고?' 다시 마이애미로 돌아가야 하는 것이 마음에 안 들지만 이 항공권이 그나마 최선이었다. 일단 항공권을 예약했지만 최종 승인이 떨어지지 않아 한동안 애를 태웠다. 급한 대로 항공사에 메일도 쓰고, 전화통화도 했지만 여전히 대기 상태. 그렇게 애태우던 항공권이 거짓말처럼 내 생일날 최종 승인이 떨어졌다.

이것저것 준비할 게 많았다. 먼저 콜롬비아에서 머물 숙소와 교통편 등의 정보를 찾아야 했다. 한편 미국에서 멕시코로 올 때 이용한 스피릿에어라인Spirit Airline 환불건도 처리해야 했다. 칸쿤에 도착한 날 바로 취소해서 승인까지 떨어졌음에도 취소 메일이 오지 않았다. 시간이 걸릴 거라 예상은 했지만 3주나 지났는데도 최종 메일이 안 온 것은 불안했다. 이래저래 할 일이 많았다.

멕시코시티공항을 떠나 저녁 10시쯤에 미국 마이애미공항에 내렸다. 바로 3주 전 내가 떠났던 그 공항으로 다시 도착한 것이다.

"안녕, 콜롬비아 보고타로 가는 환승객입니다."

환승티켓까지 일부러 보여주며 입국심사관에게 억지 미소를 지어보였다. 물론 속마음은 '그러니까 그냥 빨리 보내달라고!'였지만.

"오케이. 그런데 내일 오전 스케줄인데 오늘 밤 어디서 자려고?"
"그냥 공항에 있다가 비행기 탈 거예요."
"공항에서? 불편하지 않겠어? 짐은 별로 없어?"
"네, 없어요. 배낭 한 개가 전부예요."
"음, 그래 보고타는 몇 시 도착이지?"

다시 또 확인에 확인을 해온다. 그냥 어디서나 있을 수 있는 일이지만, '난 환승객이라고!' 내가 아무리 거지꼴을 하고 다닌다 해도 불필요한 질문이 너무 많다. 처음 입국했을 때처럼 기분이 상해서 입국심사장을 나왔다. 다행인건지 불행인건지 탑승 전 항공사에서 분명 짐을 찾을 필요 없다고 했는데 내 짐이 트레일러 안에서 빙글빙글 돌고 있는 게 보인다. 만약 못 봤으면 천상 가방을 잃어버릴 뻔 했다.

가방을 찾아 들고 짐을 맡겨야 할 항공사 카운터로 향했지만 공항의 모든 카운터는 이미 불이 꺼져 있고, 식당이나 가게 문도 닫혀있다. 마이애미공항은 24시간 오픈된 공항이 아니었다. 이제 내가 할 수 있는 것은 좋은 자리를 찾아 짐을 묶어두고 컴퓨터로 영화를 보거나 잠을 자는 것뿐이었다. 마이애미공항은 인터넷을 하려면 9불을 내야 해서 인터넷도 할 수 없기 때문이다. 영화한 편을 보고 시간을 보니 이제 막 자정이 지났다. 잠이 오지 않아 결국 인터넷을 신청하여 블로그도 업데이트하면서 시간을 보냈다. 물론 스피릿항공사에 전화해서 환불도 바로 받았다.

그렇게 밤을 꼬박 샌 나는 결국 비행기가 이륙하기도 전에 잠이 들어버렸다. 인도에서 기차로 48시간, 호주에서 미국행 비행기 탑승 13시간, 그리고 공항 대기 10시간, 이제 남은 것은 버스로 고생하는 것 밖에 안 남은 듯했다.

'Adios Mexico! Hola, Colombia!'

Episode 23
드디어 남미,
산아구스틴에서의 조용한 저녁식사

보고타는 예전에 비해 치안이 많이 좋아졌지만, 그래도 여행자 입장에서는 안심할 수 없는 곳이었다. 보고타에서 내가 머물던 곳은 지금은 없어진 태양여관이었다. 한국인이 운영하고, 시설도 깔끔했으며, 주방을 사용할 수 있다는 점과 스페인어를 공부할 수 있다는 점에서 한국 여행자들이 좋아한다.

나갈 준비를 하는데 주인장이 몇 가지 조언을 한다. 카메라는 쓰레기처럼 검정 비닐 봉지에 넣고 다니다 필요할 때만 꺼내서 찍고, 숙소 위쪽 동네는 가지 마라. 경찰을 사칭하기도 하니 최대한 군경이 많은 곳에 머물러라 등등 여러 이야기를 해준다.

보고타는 생각보다 무척 예쁜 도시였는데 콜로니얼한 낡은 건물들이 나를 과거로 보낸 듯 했다. 슬쩍슬쩍 눈치를 보며 사진을 찍었다. 이곳은 호주에서 룸메이트였던 에스나이더와 빠올라의 고향이다. 그들은 콜롬비아에 가면 저녁에는 되도록 돌아다니지 말라고 했었다. 그래도 콜롬비아의 밤을 그대로 보낼 수 없어 알아보니 치바투어Chiva tour라는 것이 있었다. 버스를 타고 음악을 들으면서 쉴 새 없이 먹고 마시며, 보고타의 여러 클럽들을 밤새 돌아다니는 상품으로 혼자서는 위험한 콜롬비아의 밤문화를 제대로 즐길 수 있었다.

보고타는 불안한 치안과는 별개로 볼거리가 많았다. 콜롬비아의 대표적인 화가 페르난도 보테로Fernando Botero Angulo의 작품이 전시되어 있는 보테로미술관Museo Botero부터 과거 콜로라도라 불릴 정도로 황금이 가득했다는 것을 증명하는 황금박물관Museo del Oro, 그리고 소금성당Catedral de Sal까지 머문 5일 내내 바쁘게 다녀야 했다. 위험하지 않다고 말할 수 없지만, 조금만 주의하고 조심하면 충분히 매력적인 도시, 그곳이 내가 보고 겪은 보고타였다.

보고타를 벗어나 조용한 산골마을 산아구스틴San Agustin이라는 곳으로 들어왔다. 보고타에서 여기까지는 약 10시간이 걸렸는데, 아직 남미 고지대에 몸이 적응되지 않아 조금만 움직여도 피로가 극도로 몰려와 하루종일 숙소에서 책도 읽고 노래도 들으며 휴식을 취했다. 내가 여기에 온 이유는 말을 타고 잉카나 마야 시절의 고석상을 돌아보고 싶었기 때문이었다. 몇 곳의 여행사를 들러 여행 상품의 가격을 알아보고 4만 페소부터 흥정을 시작해서 결국 3만 페소에 흥정을 했다.

　　다음날 처음 말을 타는 거라 긴장은
했지만 얼마 안 돼 금방 편안해졌다. 이
제 좀 익숙해졌다 싶을 무렵 말이 뛰기
시작했다. '다그닥 다그닥' 요란한 말발
굽 소리와 함께 신나게 달려간 곳에서
안데스산맥을 바라보았다. 끝도 없이
펼쳐지는 산맥과 산맥들, 내게는 석상보다는 이렇게 끝
없이 펼쳐진 초원과 그 배경에 늘어선 산맥, 산을 넘지
못하는 안개구름 등이 더 인상적이었다.

　　투어를 마치고 지친 몸을 이끌고 방에 돌아오자, 막 짐을 풀던
두 남자가 보였다. 내가 들어오는 걸 몰랐는지 뒤를 돌아보지도 않
는다.

　"Hey, how's it going?"
　"…"

　'뭐야? 못 들었나? 못 들은 체하는 건가?' 내 자리로 가서 짐을
내려놓자 그제야 돌아본다.

　"I'm Chan from Korea."
　"…"

악수를 하려고 손을 내민 나를 보며 종이에 뭐라고 쓴다.

'We can't speak and hear. Nice to meet you. I'm Jonathan and he is Justin from USA. What's your name?' (우린 말을 할 수 없고 들을 수도 없어. 반가워. 나는 조나단이고 애는 저스틴이야. 미국에서 왔어. 넌 이름이 뭐니?)

'아, 그래서 아무런 대꾸가 없었구나.' 이들은 펜과 종이를 이용하여 사람들과 소통한다고 했다. 나는 조나단과 펜으로 대화를 했고, 조나단은 저스틴에게 수화로 전달했다. 한 번 이야기를 나눌 때마다 한참의 시간이 걸렸다. 보통 저녁에는 숙소들이 떠들썩하지만 우리 방은 숨소리와 글 쓰는 소리만 들렸다.

　여행한 지 이제 한 달 정도 됐다는 두 친구는 베네수엘라에서 있었던 청각장애 어린이 세계연맹(The World Federation of the Deaf Youth section children camp)에 참석했다가 이제 막 여기에 도착한 것이다. 미국 워싱턴에서 온 조나단과 캘리포니아에서 온 저스틴은 너무나 밝은 성격이라 금세 친해질 수 있었다. 조나단의 제안으로 함께 저녁을 먹으며, 서로의 여행 이야기, 한국의 결혼 문화와 사회적 문제, 그리고 왜 한국은 임신한 순간부터 나이를 세는지 등 많은 것들에 대해 펜으로 대화를 했다.

　그러다 보니 어느새 시간이 훌쩍 흘러 버렸다. 피곤할 텐데도 계속 활짝 웃는 얼굴이 너무 보기 좋았고, 나 또한 활짝 웃는 얼굴로 변해 있었다. 올해 남미 여행을 마치고, 내년부터 2년간 아프리카의 어린이들을 위해 봉사활동을 떠난다는 그들에게 행운을 빌어주었다.

펜으로 주고받는 대화라 남들보다 두세 배의 시간이 필요하고, 감정 표현도 힘들지만 그들은 항상 웃으며 여행을 할 것 같다. 스페인어도 못하는 그들이 오직 펜과 수화만으로 남미를 여행하고, 그 여행의 목적이 청각장애 어린이들을 위한 봉사활동이란다. 정상인들도 제대로 하기 힘든 꿈을 위해 쉼 없이 노력하는 그들은 내가 여행 중에 만난 가장 위대하고, 가장 멋진 여행자들이었다.

Episode 24

적도의 나라 에콰도르에서
페루까지 38시간의 버스 여행

에콰도르 키토^{Quito}는 전통과 현대가 잘 어우러진 아름다운 도시다. 수백 년은 넘었을 건물들 사이로 현대식 시장이 숨어있고, 마차나 달릴 것 같은 오래된 도로에는 노란 택시가 달린다.

이틀 동안 키토 시내를 돌아다녔다. 도시가 크기도 했지만 오랜 역사를 느끼면서 천천히 돌아보았다. 여느 남미 도시처럼 과거 스페인 식민시대 흔적이 많이 남아있었지만, 구시가지 거리 하나하나가 색다르게 느껴졌다. 하루를 더 시간 내어 에콰도르에서 빼먹을 수 없는 적도기념관을 돌아봤다.

적도기념관^{La Mitad del Mundo}으로 가는 길은 수월치 않았다. 시내에서 멀리 떨어진 곳이라 물어물어 1시간 30분만에 겨우 도착할 수 있었다. 동행도 없이 홀로 버스에 앉았는데, 따스한 햇살에 쏟아지는 잠은 어쩔 수 없었다. 어느새 카메라 가방이 맥없이 흘러 내렸지만 나는 깊게 골아 떨어져있었다. 다행히 아주머니가 카메라를

챙겨주며 다왔다고 깨워줘서 잃어버린 거 없이 내릴 수 있었다. 어느 나라를 가든 조심해야 하지만, 그렇다고 모든 현지인들을 잠재적 범죄자로 보면 안된다. 이게 참 쉽지 않다. 그런데 남미에서는 유난히 많이 현지인들에게 도움을 받는 상황이 발생한다. 그래서 남미 여행을 하는 내내 이유 없이 그들을 의심하고, 경계하느라 그들에게 좀 더 마음을 열지 못한 것이 너무 아쉬웠다.

버스에 내려 사람들을 따라 발걸음을 옮겼다. 입장료를 지불하고 들어선 적도기념관은 사실 기대했던 것만큼 볼거리가 없었다. 그냥 횅하고 뭔가 허전한 느낌이었다. 지구 모양이 올려진 탑이 적도기념관의 메인이라 해서 안으로 들어갔다. 탑에 올라 밖을 내려다보니 남북으로 갈라놓은 표시가 보인다. 그냥 노란선이 아니라 남쪽 S와 북쪽 N의 표식이다.

돌아와서 안 사실이지만 적도기념관은 두 곳이 있었다. 안타깝게도 내가 다녀온 곳은 신 적도기념관이었고, 계란을 세우거나 물

내리는 실험을 통해 적도의 개념을 이해시켜주는 곳은 구 적도기념관이었다.

　날이 갈수록 줄어드는 통장 잔고는 여정을 자꾸 재촉한다. 게다가 집에 가는 항공편을 구입해놓으니 마음이 더 조급해진다. 아쉽지만 에콰도르는 키토만 둘러보고 페루의 리마^{Lima}로 가기로 했다. 버스 이동 시간만 무려 38시간이다. 남미에서 제법 큰 버스회사인 팬아메리카^{PanAmerica}를 이용했다.

　남미에서는 12시간 버스는 기본이고, 24시간을 넘어 38시간의 버스 탑승을 했다고 하면 많은 사람들이 그 긴 시간 무엇을 했냐고 물어본다. 탑승 시간이 길면 당연히 잠자는 시간이 길어지고, 혼자 멍히 생각하는 시간 또한 길어진다. 이어폰을 타고 흐르는 음악의 가사를 흥얼거리기도 하고, 일없이 창밖을 바라보며 여행에 대한 생각들을 정리하거나, 여행 이후의 미래에 대한 설계도 해본다.

　키토에서 저녁 7시에 출발해 14시간 만에 국경에 도착했지만, 아직도 24시간 동안 하루를 꼬박 더 달려야 했다. 중간중간 쉬어가는 휴게소는 간판도 없는 허름한 식당이라 파리, 모기와 싸우며 식사를 해결해야 하고 가볍게 스트레칭한 후 올라타면 다시 출발한다. 장거리 버스여행은 오로지 인간의 순수한 본능만 존재한다.

　그렇게 달려 약속된 38시간이 지나서 종착지인 페루 리마에 도착했다. 짐을 풀기까지의 40여 시간의 여정은 아마 앞으로 다시는 해보기 힘든 경험이었다. 네팔에서 5일간의 산악 등반과 인도에서 48시간의 기차 여정, 그리고 남미에서의 38시간의 버스 여정, 이제 미국을 렌트카로 횡단하는 것 말고는 더 해볼 최악의 이동 수단은 없을 듯하다.

　Adios, Equator.

Episode 25

얼마나 많은 나라를 돌아다녔느냐가 중요한 게 아니다!

"형, 잘 지냈어? x발?"

"잘 지냈지~"

반가움에 유키와 나는 힘껏 부둥켜안았다. 그 사이 누구한테 배웠는지, 어설픈 한국어로 인사말에 욕까지 붙인다. 인도 바라나시에서 헤어진 뒤 서로 다른 방향으로 지구를 반 바퀴 돌아 여기 리마에서 다시 만난 것이다. 내가 호주를 지나 북미와 중남미를 여행할 때, 유키는 인도에서 중동, 아프리카, 유럽을 지나 남미로 넘어왔다. 일본 사람이면서도 반갑게 나를 형이라 부르는 것도 고마웠다. 그때와는 다른 공간, 다른 시간을 거쳐 만났지만 오랜 친구처럼 유키는 편안함을 준다.

하지만 안타깝게도 이 친구는 다음날이면 다른 길을 떠나야 한다. 10개월 만에 만났지만 이야기를 나눌 시간이 단 하루밖에 없는 것이다. 유키는 인도를 떠날 때 내게 팔찌를 선물했던 것처럼 이번에도 뭔가를 주고 싶어 했다. 그는 마지막까지 자기가 지나온 여행길의 유용한 정보들을 남겨주는데 시간을 쏟았다. 자신의 여행책을 찢어 내 빈 공책에 붙여가며 정보를 채워주었다. 일본인들만 가는 숙소도 알려주면서 거기서 어떻게 하라고까지 메모를 한다. 기억이 나지 않는 것은 숙소에 비치된 책까지 뒤져가며 알려주는 그의 마음 씀씀이가 너무 고마웠다. 그에 비해 내가 줄 수 있는 게 너무 없어 미안한 마음이 들었다.

유키와 헤어진 후 나는 해발 3,400m에 위치한 쿠스코^{Cuzco}로 향했다. 쿠스코는 원주민이 사용하는 케추아^{Quechua} 말로 세계의 배꼽, 땅의 한가운데라는 의미를 가지고 있다. 과거 찬란한 문명을 꽃피었던 잉카제국의 흔적이 아직도 도심 곳곳에 남아 있었다. 미리 내게 필요한 정보를 빼곡히 적어준 유키 덕분에 어렵지 않게 쿠스코에서 유일하다는 일본인 전용 숙소를 찾았다. 일본인들 외에는 잘 모르는 곳이지만, 일단 발을 들여놓으면 쫓아내지는 않을 거라며 가보라 했지만 막상 숙소 앞에 서니 어떻게 해야 하나 고민이 된다. 일본 말이라도 하면서 들어가야 하나?

'똑똑똑' 노크를 해도, 벨을 눌러도 집 안에서는 아무런 대꾸가 없다. 다시 좀 더 강하게 문을 두드렸다. 잠시 후 이중 잠금장치가 풀리는 소리와 더불어 힘겹게 문이 열렸다. 키 작은 동양인이 문을 열어주고 일본말로 모라모라 인사를 건넨다. 하지만 알아듣지 못하는 내 모습을 보더니 말없이 돌아선다. 일단 따라 들어갔지만,

그 사람 역시 여행자 같았다. 전형적인 일본풍의 실내 디자인, 작고 아담한 탁자가 있는 거실에 도착했다. 그곳에 앉아 책을 뒤적이는 그의 옆에 배낭을 내려놓았다.

"아, 저기요. 방을 찾고 있는데."
"네, 저도 지금 주인을 기다리고 있는데. 안 오시네요. 일단 여기서 기다려보죠."

문을 열어준 사람은 예상대로 여행자였고, 그도 조금 전 도착했다고 한다. 썰렁하리만치 아무런 인기척이 느껴지지 않는 숙소, 분위기가 어색해 몇 마디 말을 걸어 보았다.

"사람이 없나요? 다들 빈방처럼 보여요. 여긴 언제 오셨나요?"
"전 어제 왔어요. 지금은 비수기라 여행자들이 없는 것 같아요. 그나마 몇 명 있던 사람도 어제 대부분 떠났고요."

머리를 빡빡 밀어버린 이 친구 이름은 치바였다. 강렬하게 밀어버린 머리 모양과 달리 얼굴 생김새는 순진해 보였다. 간단하게 서로 소개를 하고 이야기를 나누기 시작했다.

"얼마 동안 여행 중인가요?"

내가 먼저 물었다. 으레 여행자를 만나면 처음 말문을 트기 좋

은 질문이라 물은 것뿐이었다. 여행에 대한 동
질감을 형성하기에 좋고 그 주제에 대해 각각
다른 이야기를 풀어가기에 좋은 질문이다.

"저는 이제 일주일 됐어요. 열흘 뒤에는 돌아
가야 해서 마추픽추와 티티카카호수(세상에
서 가장 높은 곳에 위치한 호수로 쿠스코에
서 그리 멀지 않은 푸노에 위치한다.)만 천
천히 둘러볼 예정이에요. 엊그제까지는 리
마에 있었고요."

으레 여행자들이 나누는 대화와 다름없다.
근데 바로 이어진 그의 질문에 갑자기 마음이
불편해졌다.

"당신은 얼마나 많은 나라를 여행하셨나요?"
"네? 나라요? … 뭐, 굳이 여권에 도장 받은 나라들로 세면 15군
데 정도요? 근데 돌아봤다라고 할 수 있는 나라는 그다지 많지
않네요. 무슨 말인지 알죠?"

그 말은 콜롬비아나 에콰도르 같은 나라들은 여행을 했다라고
하기에는 지나가는 정도의 여행이라 이렇게 대답한 것이었다. 근데
여기서 그가 심드렁한 표정으로 마치 보잘 것 없다는 듯이. "아, 그

266

러시구나. 전 30여 개국을 돌아다닌 것 같네요. 뭐 한국도 여러 번
갔고요."라고 대답한다. 그냥 그러려니 하며, 다른 이야기로 넘어갈
수도 있었다. 근데 그의 말투가 거슬렸다.

"아~ 그래요? 한국은 어디어디 갔었나요?"
"뭐, 한국은 벌써 서너 번 다녀왔고요. 서울하고 부산. 아, 광주도
한 번 다녀왔고요. 한국은 아주 잘 알죠."

그 순간 나도 모르게 발끈했다. '그래봤자 한국은 세 번밖에 안
와봤으면서 한국에 대해 아주 잘 안다고?' 마음이 꼬이자 의도하
지 않게 말꼬리를 잡고 따지기 시작한다.

"아, 저도 일본 한 번 가봤는데, 일본 잘 알죠."
"에이, 한 번 와보고서 어떻게 잘 안다고 말할 수 있어요? 그냥 가본 거죠."

'그래, 내가 하고 싶은 말이 그거다.' 옳지 걸렸다 싶은 생각에, 나도 말을 이어갔다.

"그런 당신은 한국을 세 번 와봤다고, 잘 안다고 말할 수 있나요? 당신은 30개국을 다녀왔다고 했지만, 그건 말 그대로 다녀온 것이지, 그 나라를 안다고 말할 수는 없는 거죠. 그 나라 사람들의 문화를 이해하기 전까지는 잘 안다라는 표현은 위험하다고 생각해요. 얼마나 많이 다녀왔나 보다는 얼마큼 그곳을 이해하려 노력하고 이해했는가가 중요한 거라고 생각하는데, 그렇지 않나요?"

한바탕 속사포처럼 쏘아댔다. 그 녀석이 영어를 잘 못하는 것 같아, 나 역시 잘하는 영어는 아니지만 쉬지 않고 빠르게 말하면서 기를 죽이고 싶었다. 솔직히 왜 그때 그렇게 발끈했는지는 지금도 잘 모르겠다. 아마도 30개국을 다녀왔다는 녀석의 건방진 표정이 마음에 안 들었던 것일 수도 있고, 영어나 스페인어도 제대로 못하면서, 매번 여행지마다 일본인 숙소나 찾아다닐 것 같은 녀석이 상대방을 무시하는 듯한 말투를 사용한 것이 몹시 신경에 거슬렸다. 아니면 일본인 전용 숙소처럼 일본인들이 구축한 여행 인프라나 노하우가 부러워서 그랬을지도 모른다. 정신없이 퍼붓는 나의 말에 그는 멍하니 쳐다보기만 했다.

"무슨 말인지 알아요?"
"아, 사실 제가 영어를 잘 못해서. 아, 무슨 말인지는 대충 알겠어요. 앞으로 그 나라를 다녀왔다고 해서 함부로 잘 안다고 말하는 건 조심해야 겠네요."

떠듬대는 말로 그가 대답했다. 내가 조울증이 있는 것도 아닌데, 그렇게 수그러드는 녀석에게 첫 만남부터 너무했다는 생각이 들어 역시 사과를 했다.

"제가 너무 말투가 거칠었죠? 그러려던 건 아닌데, 마음 상했다면 미안해요."

여행을 하다 보면 참 다양한 사람들을 만나게 되고, 만나는 사람 대부분이 개성이 뚜렷하고, 자기 주장도 강한 편이다. 그래서 그 사람들을 통해 내 여행을 비춰보기도 하는데, 그 중 가장 중요하게 깨달은 것은 함부로 단정하지 말자라는 것이었다.

어색한 공기가 거실을 가득 채울 무렵, 다행히 누군가 오는 소리가 들렸다. 첫인상이 무뚝뚝해 보이는 주인 아저씨였다. 아저씨는 치바와 몇 마디를 나누었고, 내게도 몇 마디를 묻다가 일본인이 아님을 알고 약간 놀라는 표정을 짓는다. 치바가 통역해주는 것에 따르면, 내가 일본 사람인줄 알았고, 일본 사람이 아니면 안 받지만 이왕 들어왔으니, 머무는 동안 다른 여행자에게 피해를 주지 않으면 좋겠단다. 그리고 거실에 붙은 몇 가지 규칙을 보여주며 지킬 수 있겠냐고 묻는다. 빼곡하게 적힌 규칙들은 대체로 공동생활에서 지켜야 할 기본적인 예의범절과 공용시설의 사용방법 등을 적어놓은 것이었다. 알겠다고 대답을 한 후 숙박부에 사인을 했다.

그렇게 무사히(?) 숙소에 머물 수 있게 되었고, 나중에 다시 이곳에 들렀을 때도 두말없이 받아주었다. 알고 보니 내가 머무는 동안 규칙을 잘 지켰고, 나갈 때는 일본 사람도 하지 않는 방 정리까지 깨끗하게 해서 기억하고 있었다고 한다. 치바와는 그 후 같이 마추픽스를 다녀오고 나서 각자의 여행길로 가게 되었고, 안타깝게도 그 녀석과는 지금도 연락을 하지 않는다. 페루에 머무는 동안 그 녀석과 함께 하면서 안 좋은 경험이 많았기 때문이다. 여행은 머리가 아닌 가슴으로, 또한 얼마나 여러 곳을 다녔나보다는 얼마큼 이해했느냐가 중요하다는 것을 다시 깨달았다.

자연이 준 선물,
첩첩산중에서 염전을 만나다

빗방울이 한두 방울씩 떨어지기 시작한다. 날씨가 쌀쌀해 긴 소매 옷을 챙겨 입었는데도 여전히 몸은 움츠러든다. 비가 오면 비를 맞는 것보다 옷이 비에 젖으면 어떻게 빨아 입을지가 더 걱정된다.

쿠스코는 페루의 수도인 리마보다도 물가가 비싸다. 다행히 머물던 숙소에 일본 여행자들이 수집해 놓은 정보들이 있어 저렴한 곳을 찾아다닐 수 있었다. 하지만 아무래도 유명 여행지다보니 비싼 물가는 무엇을 하든 고민을 하게 만들었다. 반면 교통편은 체계화되지 않아, 정작 가보고 싶은 곳은 택시가 아니면 갈 수 없는 곳도 있었다. 바다가 아닌 산에서 소금을 수확하는 산속 염전 살리네라스Salineras가 그런 곳이었다.

택시가 아니면 가기 힘든 곳이라 함께 갈 여행자를 구해야 하는데, 워낙 비수기라 일단 근처까지 가는 버스를 타고 이동했음에도 여행자가 없었다. 몇몇 택시기사가 달려와 가격을 흥정하지만, 내가 제시한 금액이 적당한 금액임에도 절대 안 된다고 한다. 그럼 나도 됐다고 돌아서는데, 눈 하나 꿈쩍 안 하는 기사들을 뒤로 하고 그냥 걷기로 했다.

한 시간이면 걸어서 도착할 거리라니 까짓것, 일찍 나왔겠다. 오늘은 살리네라스와 모라이(Moray, 잉카시대의 임업시험장)만 보면 되니 천천히 걸어가기로 했다. 여전히 쌀쌀한 날씨가 안데스산맥을 휘감고 있었지만, 어차피 여기까지 온 이상 돌아갈 수는 없었다. 걷는 거야 여행의 기본이고, 트래킹하는 기분으로 천천히 구경하면서 걷는 것도 나쁘지 않을 거 같았다.

조금씩 비바람이 거세지고 있다. '얼마나 걸었을까?' 갈림길이 나오고, 희미하게 '살리네라스'라는 표지판이 보였다. 몇 대의 택시가 지나쳐갔고, 멀리 한 무리 양떼가 보인다. 그 맞은편에는 우비 대신 비닐을 대충 뒤집어쓴 양치기 할아버지와 개가 보였다. 할아버지는 아무래도 나를 지켜보는 듯. 내가 움직이는 대로 시선이 따라오고 있었다. 할아버지에게로 다가갔다. 옆에 앉아도 되냐는 제스처를 하니까 자신의 자리를 옆으로 옮기고 빈 자리를 가리켰다. 옆에 나란히 앉았지만 딱히 할 말도 없었고, 내가 말할 수 있는 스페인어가 너무 짧았다. 그렇게 한 10여 분을 쉬었을까? 안개가 서서히 걷히면서 비가 잦아든다.

"살리네라스?"

　자리에서 일어나며, 혹시나 하고 할아버지께 물어봤다. 할아버지는 말없이 내가 가던 길 쪽을 가리키신다.

"얼마나 오래 걸려요?"
"30분쯤"
"감사합니다."

　말없이 그저 옆에만 앉아있었지만 이곳에 혼자가 아니라는 안도감과 누군가 함께 있다는 따스함이 느껴졌었다. 외로움과 두려움이 단지 10분을 함께했다는 이유만으로 많이 가셨다. 다시 묵묵히 길을 걸었다. 40여 분을 더 걸어서야 드디어 입구가 나왔다. 매표소라 하기에는 너무 허름한 옅은 청색의 건물. 이미 칠은 군데군데 벗겨져 흉했지만, 하나밖에 없는 길을 막고 서 있는 것이 입구가 분명했다.

　입장료를 지불하고 얼마나 더 가야 하는지를 물었다. 15분 정도라고 대답하지만 멀리 바라봐도 산밖에 안 보인다. 15분쯤을 묵묵히 걸어갔다. 정말 살리네라스가 보인다. 근데 아주 멀리 보인다. 대충 봐도 저기까지 가려면 20분은 더 걸어야 할 것 같았다. 잠시 숨을 고르고 출발하려는데 멈췄던 비가 다시 쏟아진다. 그냥 비를 맞으며 얼마 걷지 않아 옆을 지나던 택시가 멈춰 섰다. 금발에 선

글라스를 낀 40대의 아줌마가 문을 열더니 차에 타란다. 거절하지
않고 앞쪽에 올라탔다. 뒷자리에는 젊은 동양계 남자가 같이 타고
있었다. 이들은 영국에서 온 모자지간으로 아이가 어렸을 때 입양
했다고 한다. 처음부터 걸어왔다는 말에 고개를 절레절레 흔든다.
택시비가 너무 비싸다고 투덜대니, 그래도 어떻게 걸어올 생각을
했냐고 걱정 어린 눈으로 바라본다.

만년설이 녹아내린 물줄기가 안데스산맥을 타고 이곳 암염지대
를 통과하면 바닷물처럼 짠맛이 난다고 한다. 그래서 이 소금 물
줄기를 계단식 밭에 가둬만 둬도 일조량이 풍부해서 3~4일이면
소금 결정체로 변한다. 이 협곡에는 이러한 소금밭이 수백 개가 모
여 있어 마치 한폭의 그림처럼 아름다운 풍경을 만든다. 말 그대로
자연과 문명이 함께 만들어낸 걸작품인 것이다. 지금도 전통방식
그대로 소금을 채취하는 잉카의 후예들은 이곳이 태양이 준 선물
이라 굳게 믿고 소중히 지켜나가고 있다.

해발 3,000미터 넘는 산 속에서 만난 염전은 놀라움이었고 감
동이었지만 내겐 그 엄청난 감동을 다 잊게 하는 일이 있었으니,
다시 돌아가야 한다는 것이었다. 이미 여기서 다른 차를 잡기에는
불가능하고, 그렇다고 콜택시가 있는 것도 아니니 결국 처음처럼
다시 걸어서 왔던 길을 돌아가야 했다.

한참을 걸어 갈림길이 있던 곳까지 왔는데, 거의 기진맥진 상태

다. 내가 이렇게 되길 기다렸다는 듯이 마침 택시가 홀연히 나타난
다. 여기서 모라이까지 걸어가는 것이 불가능하다는 매표소 직원
의 말이 떠올라 일단 택시를 세웠다. 이미 뒷좌석에는 이곳 아낙
네와 그녀의 아들처럼 보이는 아이가 보따리를 가득 끌어안은 채
타고 있었다. 택시기사에게 흥정을 해보니 다행히 아주 저렴하게
지친 여행자를 태워줬다. 어차피 늦은 시간이라 이 손님만 태운 후
집으로 돌아갈 거라며 기분 좋게 데려다 주었다. 그렇게 다소 무모
했던 여행을 잘 마칠 수 있었다.

집으로 돌아오는 버스 안에서 들판에서 만났던 양치기 할아버
지가 계속 떠올랐다. 평생 양을 치며 살아온 할아버지의 얼굴에
깊게 패인 주름이 안데스산맥의 산자락을 떠올리게 했다. 까무잡
잡한 얼굴에 듬성듬성 누렇게 박혀있던 치아는 살리네라스의 염전
을 떠올리게 했다. 사람은 평생 보고 자라온 환경을 닮아가는 지
도 모르겠다. 나는 나중에 어떤 얼굴을 가지게 될까? 안데스 자락
을 따라 여행하는 내게, 산맥은 말없이 질문을 건네고 있었다.

Episode 27

끊어진 길에서 여행의 의미를 새로 깨닫다

이른 새벽부터 치바와 함께 숙소를 나섰다. 마추픽추로 가는 길을 머릿속으로 다시 되새기며 중심가로 향한다. 다른 여행자들처럼 여행사 투어를 신청하거나 쿠스코에서 기차로 편하게 가는 방법도 있지만 주머니 사정상 새벽부터 부지런히 움직여야만 했다.

쿠스코에서 버스터미널까지는 택시로 이동한 후 첫 번째 목적지인 산타마리아^{Santa Maria}행 버스를 타려고 했다. 그런데 버스와 꼴렉띠보^{Colectivo}라 불리는 승합차 운임이 별 차이가 없고, 반면 운행 시간은 2시간이나 단축할 수 있다기에 버스가 아닌 꼴렉띠보를 선택했다. 새벽에 출발해도 거의 12시간 여정이라 시간 단축은 내게 아주 중요했다. 며칠 째 부슬부슬 내리는 비가 오랜 시간 기다려온 마추픽추 여행을 망치는 건 아닐까 걱정하며 꼴렉띠보에 올라탔다. 이미 현지인들로 가득한 승합차 안에 여행자는 치바와 나 단 둘밖에 없다.

한구석에 자리를 잡고 앉았다.
장거리 여행이고, 새벽부터 서두
른 승객들은 차에 오르자마자 능
숙하게 자신의 좌석에 가장 편한
자세를 한채 잠을 잘 준비를 한다.
나 역시 이리 저리 몸을 움직여가
며 편한 자세를 찾아 잘 준비를 했
다. 차는 거침없이 내달렸다. 비는 내
리지만 예상보다 목적지에 빨리 도착할
수 있을 것 같은 희망 때문에 기분이 좋아졌다. 차창 밖 빗방울이
점점 거세지고, 차량 속도는 줄어들기 시작한다. 두어 시간쯤 지났
을까? 거센 빗속에서 차가 완전히 멈춰 섰다. 막힐 일이 없는 곳에
차량들이 멈춰서 있는 것을 보니 무슨 사고라도 난 것 같았다. 기
사가 창문을 내리고 앞에 이미 정차하고 나와있는 사람들에게 묻
는다. 승객들이 하나둘 잠에서 깨어 기사의 대화에 귀를 기울인다.
그러더니 한마디씩 투덜거리면서 차에서 내린다.

"뭐지?"

사람들을 따라 차에서 내리니, 길이 완전 차단되어 있었다. 걸
어서 가보니, 앞에서 길을 막고 공사를 진행하고 있다. 이 사람 저
사람 돌아다니며 물어보았다. 알아보니 비로 인해 무너진 길을 복
구하느라 차량을 통제한다는 것이었다.

"얼마나 오래 걸릴까요?"

"적어도 서너 시간 정도?"

차 안의 승객들은 이런 일이 만연한지, 다시 자리를 잡고 잠을 자기 시작한다. 조용해진 차 안은 지붕에서 떨어지는 빗소리만 울릴 뿐이다.

잠에 빠져든 사람들을 두고 차 밖으로 나왔다. 부슬부슬 내리는 비를 피해 작은 집의 처마 밑에 기대섰다. 앞쪽을 내려다보니 작은 학교가 보이고, 비가 오는데도 아이들이 진흙탕 속에서도 열심히 뛰어다니며 축구를 하고 있었다. 천천히 걸어도 숨이 차는 이곳에서 축구라니, 참 대단하다고 생각하다 문득 나도 끼고 싶어졌다. 일단 도로를 건너 학교 쪽으로 무작정 걸어 내려갔다.

아이들은 내가 내려오자마자, 기다렸다는 듯이 내 팔을 끌고 운동장으로 가더니 금세 편을 다시 나눈다. 나도 껴주려는 듯 한쪽 골대를 가리키며 "골. 골"이라고 소리친다. '아, 저쪽으로 골을 넣으라는 말이구나?' 아이들은 마치 처음부터 나와 함께 축구를 했던 것처럼 볼을 차기 시작했고, 비가 내리는 운동장에서 그들과 함께 나도 뛰기 시작했다. 내가 공을 잡기만 하면 우르르 몰려와 나를 붙잡고 늘어지는 녀석들 사이를 이리저리 피해가며 열심히 뛰었다. 얼마 후 학교에서 종이 울리자 쉬는 시간이 끝난 것인지 아이들은 내게 한 명씩 하이파이브를 하고 교실로 사라졌다. 수

업에 방해가 되지 않게 교실
창문 아래쪽에 주저앉아 가
쁜 숨을 몰아쉬었다. 아직 학교
에 다니지 않는 듯한 어린아이들
은 교실에 들어가지 못한 채 나와 함께 밖에 남았다.

　주머니를 뒤져보니 작은 카메라가 손에 잡혔다. 내 옆을 계속
맴돌던 아이를 찍어서 보여주니 무척 신기해한다. 어린아이들을
불러 모아 사진을 찍고 보여줬다. 곧 애들이 서로 찍어보겠다며 자
기들끼리 카메라를 주고받고 하며 좋아했다. 아이들과 사진도 찍
고 장난도 치면서 놀다가 그 아이들마저 돌아가니 다시 혼자가 되
었다. 학교에서 나와 다시 처마 밑에서 땀을 식히는데 차 안에서
아저씨가 오라고 손짓을 한다. 차에 올라타니 이제 곧 출발할 것이
라고 얘기를 해준다.

　일본인 친구 치바는 내내 차에 있었는지 비와 땀에 젖은 내 모
습을 보며 무슨 일이냐고 물었다. 옆에 아저씨는 내가 아이들과 노
는 모습을 보았는지 나보고 멋진 여행을 한다며 엄지를 치켜세워
주었다. 무슨 일인지 궁금해하는 치바에게 그냥 좋은 여행을 하
고 왔다고만 대꾸했다. 차는 잠시 후 다시 출발하였고, 축구를 한
바탕 해서 그런지 산타마리아에 도착할 때까지 한 번도 깨지 않고
푹 잠을 잤다. 아직 오늘 일정은 시작도 안 했는데 너무 힘을 뺐나
하는 생각도 들었다.

산타마리아에는 결국 8시간만에 도착했다. 처음 내가 타려고 했던 버스도 거의 동시에 도착했다. 산타마리아는 마추픽추로 향하는 기차역 히드로일렉뜨리꼬$^{Hidro\ Electrico}$로 가는 곳이라 많은 여행자를 만날 수 있을 것이라 기대했지만, 다른 여행자들이 보이지 않았다. 여기서부터 택시를 타고 두 시간 동안 아찔한 절벽을 끼고 산길을 굽이굽이 돌아가야 하는데, 길이 얼마나 험한지 내가 여행해본 가장 험한 길, 인도 델리에서 다람살라로 가던 길은 아무것도 아니라는 생각이 들었다. 나중에 볼리비아에서 데스로드 투어를 했는데 거의 그 수준이었다.

아찔한 길을 돌아 무사히 도착한 히드로일렉뜨리꼬에는 많은 여행객이 있었지만 대부분 기차를 타는 사람들이라 치바와 나는 더 어두워지기 전에 부지런히 갈 길을 재촉했다. 택시에서 내리기 무섭게 마추픽추타운으로 가는 기찻길을 따라 무작정 2~3시간을

걸어야 했다. 깊은 산골이라 그런지 날은 금세 어두워졌고, 달빛과 작은 손전등에 의지하여 산길을 계속 걸었다.

깜깜한 어둠속에 치바와 내 발자국 소리만 들릴 뿐이다. 평소 달갑지 않던 녀석이지만 지금 이 순간 함께 한다는 것이 무척 다행이었다. 새벽부터 시작한 일정이라 우리의 체력은 바닥을 드러냈지만, 나는 발걸음을 재촉했고, 그에 반해 치바는 자꾸만 뒤쳐져서 신경을 쓰이게 했다. 아마 두 시간 이상을 걸었던 것 같다. 드디어 산속에 밝은 빛이 보였고, 그곳이 마추픽추타운이란 것은 확실했다.

짐을 풀기 전, 다음날 입장권을 미리 끊어야 했으므로 힘들었지만, 더 힘들어하는 치바를 억지로 데리고 매표소로 향했다. 이렇게 힘든 와중에도 나는 학생표를 끊기 위해 멕시코에서 만든 학생증까지 들이밀며 매표소 직원과 실갱이를 하여 결국 반값으로 티켓을 구입했다.

저렴한 숙소를 찾아 짐을 풀고, 샤워를 한 후 밥을 먹으러 나왔다. 맥주 한 잔 시켜놓고 하루를 돌아보았다. 정말 길고 긴 하루였다. 새벽 5시 30분부터 저녁 7시 30분까지 무려 14시간 동안의 여정, 그렇지만 마음만은 뿌듯했다.

Episode 28

신비로운 공중도시,
지금도 가슴이 뛰는 마추픽추

    새벽 3시 30분. 어제 10시쯤에 잠들었는데도, 14시간 여정에 대한 피로가 풀리지 않아 무척 피곤했다. 하지만 일어나야 했다. 부지런히 움직여야 와이나픽추^{Waynapicchu, 2,730m}를 오를 수 있기 때문이다. 와이나픽추는 마추픽추^{Machu Picchu, 2,660m}를 온전하게 한눈에 내려다 볼 수 있는 곳으로 입장객 수를 하루 400명으로 제한하고 있다. 대충 세수부터 하고 짐을 꾸렸다. 새벽 4시부터 입구에서 대기하다가 5시에 입구가 열리자마자 입장했다. 부지런히 오른 덕에 400명 중 23번을 배정받았다. 이 정도면 내가 원하는 시간에 아무 때나 와이나픽추를 오를 수 있었다. (참고로 2013년 현재 마추픽추는 2,500명, 와이나픽추는 7~8시 사이 200명, 10~11시 사이 200명 총 400명을 일일 관람객 수로 제한하고 있다.)

    마추픽추 타운에서 새벽 5시 30분에 출발하는 버스를 타고 오를 수도 있었지만, 금액이 비싸고, 버스를 타면 몇 번을 배정받을 수 있을지 몰라 그냥 걸어서 올라간 것이었다. 겨우 번호표를 받고 좀 더 기다리다가 시간이 되어 입장을 했다.

입구를 지나 얼마 동안 오르자 마추픽추 전경이 눈에 들어온다. 한 번도 와본 적이 없건만 너무나도 익숙한 풍경이었다. 감격스러웠다. 이 장면을 보기 위해 이렇게 오랜 시간을 달려온 것이다. 구석구석 돌아보는 것은 나중으로 미루고 일단 성스럽게까지 느껴지는 비밀의 공중도시를 가장 잘 볼 수 있는 곳을 찾아다녔다.

햇살이 따사롭게 비치는 한편에 자리를 잡고 앉았다. 그리고 비밀에 가려진 도시로 햇빛이 쏟아지는 풍경을 지켜보았다. 도시 구석구석을 해가 비칠 때마다 마치 어둠으로 마법이 걸렸던 도시가 풀려나듯 그 모습이 드러났고, 아침 햇살이 완전히 이 도시를 비출 때쯤 낮은 구름 하나가 도시 위에 살짝 걸쳐졌다.

이 높은 산 정상을 깎고 다듬어 하나의 도시로 만들어 낸 잉카인들의 기술이 놀라웠고, 그 정교함에 감탄하였다. 얇은 종이 한 장 들어갈 수 없을 만큼 잘 맞춰진 돌들은 어떻게 쌓고, 어디서 구했는지 그저 끝없이 놀라울 뿐이었다. 쿠스코 시내에서 봤던 12각 돌처럼 도저히 이해하기 어려운 기술임에 틀림없다. 두어 시간을 한 자리에서 바라보다 이제 도시 곳곳을 탐색해보기로 했다.

zzz···

가이드도 없이 입구에서 나누어 준 지

도와 간략한 설명을 참고하여 귀동냥으로 듣는 이야기만으로도 이 도시는 충분히 놀라운 곳이었다. 한때 콜롬비아, 칠레, 페루, 볼리비아에 이르는 광활한 제국을 건설했던 잉카제국은 불과 180여 명의 스페인의 침략자들에게 마지막 황제가 살해당하면서 그 화려하고 찬란했던 문명이 역사 속에 묻히게 됐다. 당시 사람의 두개골을 수술할 정도로 뛰어난 의술과 수로시설을 가진 거대한 제국을 건설했지만 그 기원이나 사라진 원인도 아직까지 정확하게 파악할 수 없다고 한다.

마추픽추 이곳저곳을 돌아보는 데만도 한참의 시간이 걸렸다. 생활하던 집이나 화장실, 천문를 관측하던 곳, 농사를 짓기 위해 만든 계단식 밭이나 잉카인 다리라 불리는 절벽 위의 돌 하나하나까지 어느 곳을 가더라도 감탄밖에 나오지 않았다.

시간이 한참 흘렀음에도 내가 직접 찍은 사진을 볼 때마다 가슴이 뛰고 너무나 그립다. 쓰러질 것 같이 힘들었던 1박 2일간의 마추픽추로 가는 여정은 지금도 너무 선명하게 기억에 남아있다. 끊어진 길에서 만났던 아이들과 산타마리아에서 히드로일렉뜨리꼬까지 갔던 험난한 길, 그리고 기찻길을 따라 걷느라 오감이 곤두섰던 그 짜릿한 기억과 여정의 끝에서 만났던 마추픽추라는 아름다운 도시, 어쩌면 오래 기다렸고, 누구보다 힘들었던 여정이라 그 신비의 도시가 더 감동적으로 다가왔을지 모르겠다. 이제 이곳을 지나 세계에서 가장 높은 호수라는 티티카카 호수로 향한다.

Episode 29

목숨을 건 특별한 경험, 볼리비아 데스로드

페루에서 볼리비아로 넘어오는 길은 험하진 않았지만, 내내 푸르렀던 산맥이 황량한 산맥으로 바뀌는 모습에 갑자기 기분이 우울해졌다. 그 황량한 흑백의 도시에서 나를 가장 먼저 반겨준 것은 삼성과 엘지, 그리고 현대자동차 광고판이었다. 지구 반대편까지 와서 만나는 우리나라 기업 광고임에도 반갑다기보다는 왠지 황량한 도시 분위기게 어울리지 않아 낯설게 느껴졌다.

볼리비아 비자를 받기 위해 예약했던 숙소를 찾아 짐을 풀었다. 이 숙소는 하루만 묵을 예정이었기 때문에 최대한 버스 정류장에서 가까운 곳으로 정했다. 오후 느지막이 도착했기 때문에 허기진 배를 채우려 돌아다녔지만 마땅한 식당이 눈에 띄지 않아 핫도그 하나로 배를 채웠다. 다음날에는 첫날 봐뒀던 저렴한 곳으로 숙소를 옮겼다. 하루에 3천 원 정도라 깨끗하진 않았지만, 깔끔하게 정리되어 있어 어제 머물렀던 숙소보다 오히려 편하게 느껴졌다. 먼지가 뿌옇게 날리는 담요를 덮으면서도 편하게 느껴지는 것은 나 역시 며칠간 제대로 빨지 못한 옷을 입고 있기 때문일 것이다.

라파즈La Paz에서는 도심 이곳저곳을 돌아다니거나 마녀 시장Mercado de las Brujas이라 불리는 곳에서 박제된 온갖 동물들을 구경하였는데 재미가 쏠쏠했다. 무엇보다 데스로드 투어Death Road Tour가 가장 기억에 남는다. 이 투어는 세상에서 가장 위험한 길이라고 불리는 곳을 자전거를 타고 내려오는 익스트림 투어이다. 해발 4,700m에서 출발하여 4~5시간 만에 1,200m에 다다르는 이 질주는 매년 몇 명이 실제 목숨을 잃을 정도로 위험하지만, 그 짜릿함 때문에 도전하는 여행자는 계속 늘어나고 있다고 한다.

데스로드 투어는 10~20명이 한 팀을 이뤄 진행되는데 위험한 만큼 가이드나 안전 요원이 투어 내내 함께 한다. 가이드는 능숙하고 능청맞게 투어객을 맞이했고, 끝까지 안전하게 라이딩을 이끌었다. 계속 내려가기만 하는 것이라 힘이 별로 들지 않을 것이라 예상했지만 가속도를 제어하거나 흙길에서 운전대가 흔들리지 않도록 조작해야 해서 생각보다 많이 힘들었다. 입김 나올 정도로 추운 곳에서 반 소매 옷을 입고 다녀야 할 정도로 더운 곳까지 4~5시간 만에 내려오는 길이라 해발에 따른 식물 분포를 보는 것도 재미가 있다.

데스로드 중간중간에는 죽은 자를 위한 위령비가 세워져 있는

데, 경각심을 일깨우려는 듯 빼놓지 않고 멈춰 서서 소개를 해준다. 또한 배경이 멋진 포인트에서는 사진을 찍어주거나 동영상을 기록으로 남겨준다. 가이드는 이래저래 힘들 것 같은데도 인상 한 번 쓰지 않고 끝까지 우리를 잘 인도해 줘서 무척 고마웠다. 아무리 내리막이라도 5시간이나 계속 움직여야 하므로 체력비축을 위해 중간에 간식을 챙겨주는 것도 좋았고, 투어가 무사히 마무리되면 야크바비큐 파티를 열어주는데 얼마나 맛있었는지 우리 일행은 주어진 음식을 하나도 남김없이 먹었다.

볼리비아에서 즐길 수 있는 투어는 데스로드 자전거투어 말고도 패러글라이딩이나 정글투어 등도 있었지만, 당시 자금 사정이 허락하지 않아 데스로드만을 취사 선택했는데, 정말 탁월한 선택이었고 지금 생각해봐도 후회 없다. 많은 사람들이 그 위험성 때문에 지레 포기도 하지만 가이드 지시에 잘 따르고 안전한 범위 내에서 즐긴다면 두 번 다시 경험하기 힘든 즐거운 추억이 될 것이다.

Episode 30

세상에서 가장 눈부신 곳,
우유니 소금사막

　지금도 그렇지만 멋진 사진 한 장은 여행
자의 마음을 온통 흔들어 놓기 충분하다. 언
젠가 무심코 보았던 사진 한 장은 내게 볼
리비아를 굉장히 매력적인 나라로 인식시켰
다. '어디가 하늘이고 땅인지를 구분할 수 없
는 곳을 미끄러지듯 지나가는 지프차 한 대' 의 사진을 처음 본 날,
나는 반드시 여행 중에 이곳만큼은 꼭 가야겠다고 마음을 먹었다.
그 사진은 우유니Uyuni 소금사막에서 촬영한 것이었다.

　우유니 소금사막은 말 그대로 온 사방이 소금 덩어리인 새하얀
사막이다. 우기에는 이곳에 얕게 물이 차있어, 사진에서 보았던 하
늘과 땅 구분이 없는 멋진 장관을 연출하고, 건기에는 눈을 제대
로 뜰 수 없을 만큼 온통 흰 세상이 눈부신 장면을 연출한다. 이
렇게 멋진 곳이지만 가는 길은 결코 만만치 않았다.

만나는 여행자마다 우유니로 가는 길은 매우 추우니 준비를 단단히 하라고 조언을 해준다. 그래서 침낭을 준비하고, 옷도 단단히 껴입었다. 하지만 추운 거 말고도 더 큰 문제가 있었는데, 바로 도로 사정이 좋지 않다는 것이다. 실제 라파즈에서 우유니로 들어가는 길은 심각할 정도로 불규칙한 비포장도로여서 어지간해도 잠을 잘 자던 나도 허리가 아파 잠을 제대로 못 잘 정도였다. 버스를 타고 12시간을 달려 힘들게 도착한 우유니는 사막 도시답게 황량했고, 이가 저절로 딱딱 부딪힐 정도로 몹시 추웠다.

도착하자마자 유키로부터 얻은 정보를 토대로 숙소를 정하고 짐을 풀었다. 그 사이 추운 새벽이 지나고 따뜻한 아침 햇볕이 작은 마을을 비추기 시작하자 언제 그랬냐는 듯 추위는 순식간에 사라지고 뜨거운 사막 도시로 점차 변해간다. 우유니 소금사막을 보려면 투어를 신청해야 돼서, 먼저 여러 여행사를 돌아다니며 발품을 팔아 가장 저렴한 곳에서 예약을 하고 간단하게 요기를 했다. 난로를 피워 가게를 따뜻하게 데워둔 주인장은 뜨거운 커피를 먼저 내주었고, 이제 막 구운 빵과 계란프라이 그리고 샐러드를 내주었다.

몸을 녹이고 시간에 맞춰 예약해둔 여행사 사무실로 향했다. 나와 하루 종일 함께할 일행들과 인사를 나누고 본격적인 투어를 시작했다. 네덜란드에서 온 10년차 커플과 아일랜드 터프가이, 프랑스에서 온 커플 그리고 일본 대학생과 한 팀이 되었다. 다들 첫 만남이라 어색한지 비좁은 차 안에는 침묵만 흐른다.

"헤이, 이것도 인연인데 다들 사진 한 장 찍자고. 하나, 둘, 셋"

맨 앞자리에 앉은 내가 사진기를 꺼내들고 무거운 침묵을 깼다. 그제야 서로 옆 사람과 말도 하면서 조금씩 말문을 트기 시작했다. 다들 기대하고 나선 투어인 만큼 우유니에서 꼭 찍어보고 싶은 다양한 포즈에 대해서 이야기를 했다. 그렇게 서로 공통 화제를 찾아 이야기를 나누면서 우유니로 향했다.

내가 찾아간 시기는 건기라 바닥이 쩍쩍 갈라진 새 하얀 소금사막이 눈에 들어온다. 미리부터 선글라스를 착용했던 터라 얼마나 눈이 부신지 감이 안 왔지만, 선글라스를 벗는 순간 새하얀 소금에 반사되는 빛이 너무도 강렬해서 눈을 제대로 뜰 수 없을 정도였다. 사방을 둘러봐도 온천지가 새하얀 소금뿐이다. 이 소금사막은 볼리비아 전체 인구가 3천 년을 걱정 없이 먹을 정도의 소금의 양이라고 한다. 소금사막 곳곳에는 실제 판매용으로 정제된 소금을 쌓아둔 것이 보인다. 어디를 봐도 온통 하얀 세상, 가이드에게 부탁하여 차에서 내려 사진을 찍기 시작했다. 지평선이 보이는 사막에서만 찍을 수 있다는 다양한 포즈를 취해가며 즐겁게 사진을 찍는다. 여기까지 오면서 나누었던 다양한 포즈를 실제로 취해본다. 점프도 해보고, 원근감을 이용해 사람이 손이나 병에 올려져 있는 듯한 연출을 하며 다들 신나게 사진을 찍었다.

　　새하얀 땅과 새파란 하늘, 다시 새파란 하늘을 가르는 새하얀 구름. 지금은 물이 차지 않는 건기임에도 하늘과 맞닿은 듯한 착각이 들기에 충분한 그런 풍경이다. 차량을 타고 한 시간을 넘게 달리는데도 끝을 짐작할 수 없다. 내 눈에는 어디를 봐도 다 똑 같아 보이는데 한 치의 오차도 없이 길을 안내하는 가이드 또한 대단하게 느껴졌다.

　　우유니 투어의 마지막 코스는 소금호텔이었다. 호텔의 모든 것들이 소금덩어리로 만들어진 이 호텔에서 하루 정도 쉬어가면 좋은 추억이 되겠지만 자금이 넉넉지 않은 탓에 구경만 하고 밖으로 나왔다. 소금호텔 앞마당에는 여러 나라의 깃발이 꽂혀 있었는데 그 속에서 태극기를 발견하고 순간 코끝이 찡해졌다. 대부분의 국기들은 찢겨진 상태였고, 태극기도 이미 1/3 정도는 찢겨져 있었다. 하지만 오지에서 본 태극기는 그 어떤 것보다 감동이었다. 이곳의

국기들은 호텔에서 관리하는 것이 아니라 여기를 지나는 여행자들이 스스로 관리하는 것이라고 한다. 하지만 아무도 이런 이야기를 내게 해준 사람이 없어 준비를 못한 것이 무척 아쉬웠다. 투어가 끝나고 숙소로 돌아가자마자 인터넷 카페에 들려 여행자들이 많이 모이는 웹사이트에 우유니의 소금호텔에 다음 방문할 한국인은 꼭 태극기를 교체해달라고 글을 남겼다.

우유니 투어가 끝나고 시내로 돌아오는 길. 새하얀 도시를 불태울 듯 새빨간 노을이 멀리서 다가오고 있었다. 황량한 사막도시를 이렇게 아름답게 만들 수 있는 건 역시 대자연의 힘밖에 없을 거란 생각이 들었다. 하루의 경험이었지만 우유니는 내가 본 세상에서 가장 눈부신 곳이었으며, 그곳에서 만난 태극기는 정말 감동스러웠다.

Episode 31

혼자서
죽을 만큼 아파보기

 중남미 여행이 두 달이 넘어서면서부터 알 수 없는 무기력감에 빠져들었다. 마치 동남아시아 국가를 여행할 때처럼, 중남미의 비슷비슷한 도시 모습과 그들의 삶이 더 이상 내게 큰 감흥을 주지 않았다. 마추픽추나 우유니 그리고 안데스산맥에서 느꼈던 대자연의 장엄함과 문명의 조화는 없고, 스페인 식민지시절 한꺼번에 건설된 판박이처럼 비슷비슷한 성당과 콜로니얼Colonial 건물들은 이제 예쁘다라는 순간적인 느낌 외에는 흥미롭지 않았다.

 우유니를 떠나 세상에서 가장 높은 곳에 위치한 도시, 포토시 Potosi로 넘어왔다. 해발 4,090m에 위치한 포토시는 은 매장량이 풍부하여 일찌감치 스페인 정복자들에 의해 광산도시로 개발된 곳이다. 당시 인구가 15만이 넘을 정도로 활발하고 부유한 도시였다고 한다. 하지만 그 엄청난 은이 정복자들에 의해 대부분 채굴되면서 한때 쇠락했으나 현재는 주석이나 텅스텐 등을 채광하면서 이를 관광상품으로 판매하고 있다. 포토시의 광산 투어는 폐광이 아닌 실제 광산에서도 이뤄진다고 하는데, 그마저 흥미를 잃은 나는 그냥 며칠 쉬면서 머물기로 했다.

뽈료^{Pollo}는 스페인어로 병아리 같은 조류의 새끼를 뜻하지만 남미에서는 닭을 통칭하는 말로 이해가 됐다. 어느 식당을 가든 가장 흔히 접할 수 있는 음식은 뽈료였다. 가격도 저렴한데다 조리방법이 다양해서 요리마다 맛이 달라서 먹는 이들에게 즐거움을 주었다. 그날 저녁도 닭고기 반 마리와 약간의 샐러드를 사가지고 숙소로 돌아와 식사를 했다. 그런데 그날 저녁 먹은 음식에 문제가 있었는지 새벽부터 설사가 나기 시작하면서 심한 복통이 뒤따랐다. 일단 체한 것처럼 배가 아팠고 손발이 엄청 찼기에 손을 계속해서 주무르면서 양말도 두껍게 신었다. 또한 설사가 멈추지 않아 급한대로 지사제를 먹었지만 전혀 효과가 없었다. 날이 밝을 때까지 밤새 혼자서 끙끙 앓았다.

아침이 되었는데도 전혀 나아질 기미가 없었고, 계속된 설사로 탈진 상태에 이르렀다. 탈진을 막으려면 물을 계속 마셔야 한다는 생각에 누운 상태로 물을 계속 들이켰다. 내가 자꾸 부스럭거리자 옆자리에서 자던 아르헨티나 친구가 무슨 일이냐고 묻더니, 체온계를 꺼내 능숙하게 체온을 재고 내 몸의 이곳저곳을 살핀다. 열이 상당히 높다고 어서 병원에 가자고 했지만, 보험도 들지 않은 상태라 괜찮다며 거절했다. 그 친구는 약을 꺼내 내게 주었다. 타이레놀이었던 것 같은데, 이거라도 먹으라고 했다.

나중에 알고 보니 그 친구는 의대를 다니던 친구였지만, 숙소에서는 그가 해줄 수 있는 것은 거의 없었다. 깨지 않고 계속 잠만 자는 나를 가끔씩 와서 체온도 재주며 내 상태를 체크해줬다. 나중에 감사 인사를 하려고 했지만, 이틀간 꼼짝도 못하고 누워있는 동안 그 친구는 벌써 다른 곳으로 떠난 후였다. 여기서 이렇게 쓰러져 있을 순 없다. '곧 나을 거야. 일어나자.' 스스로에게 계속 되뇌었다. 하루를 아무것도 먹지 못하고 물만 먹다보니 기운이 없었다. 먹은 것이 없기에 설사는 잦아들었지만, 이제 체력을 유지하려면 무엇이든 먹어야 한다는 생각으로 몸을 일으켜 밖으로 나왔다. 창백한 얼굴을 감추기 위해 모자를 푹 눌러쓰고, 배를 움켜쥐고 근처 약국을 찾아 나섰다.

"음, 배가, 배가 아프고요. 설사가 계속 나요. 그리고... 배가 엄청 아파요. 막 찢어질듯이..."

스페인어로 어떻게 표현해야 할지 몰라 손짓발짓을 써가며 약사에게 설명했다. 열은 많이 내렸고, 오한도 많이 줄었지만 일단 겪었던 모든 증상을 설명하니 약사가 알아들었다는 듯이 약을 꺼내준다. 약사가 뭐라고 설명하지만 나는 알아듣지 못한 채 대충 고개를 끄덕이고 약국을 나왔다. 먹을거리를 찾기 위해 도시를 돌아다녔지만, 닭고기 요리만 눈에 띄었다. 그렇게 맛있게 먹던 음식이었는데도 이제 냄새만으로도 짜증나기 시작했다. 무엇이든 먹어야 했지만, 뽈료말고는 다른 음식은 보이지 않았다. 결국 차갑게 식어버린 딱딱한 빵 몇 조각과 물 두 병을 사가지고 들어와서 먹기 시작했다. 빵 반 조각과 물 두 잔을 겨우 목에 넘기고 다시 침대에 쓰러져 있다가 약을 하나 챙겨 먹고 다시 깊은 잠에 빠져들었다.

얼마나 시간이 흘렀을까? 깜깜한 새벽에 눈을 떴다. 손발에 따스한 기운이 도는 것이 느껴졌다. 배는 여전히 아프지만 통증이 많이 완화되었고, 설사는 멈춘 듯했다. 몸을 일으켜 침대에 기대어 앉았다. 파란 달빛이 머리맡 창문을 통해 스며들어왔다. 갑자기 눈물이 주르륵 흘렀다.

"한국에 돌아가고 싶다."

주변에 함께 머물던 친구들이 하나둘 모두 떠나버려 12명이 쓰던 큰 방이 더욱 휑해보였다. 아파도 돌봐주는 사람 없고, 외로운데 외로움을 덜어줄 친구도 없었다. 몸이라도 괜찮으면 근처 바에라도 가서 친구를 만날 수 있지만, 그럴 형편도 안 된다. 집에 가고 싶었다. 당장이라도 가고 싶었다. 미친 듯이 외롭고 힘들었다. 가방에서 노트와 작은 랜턴을 꺼내 글을 쓰기 시작했다.

'아무도 없는 이곳, 날 책임질 사람이 나뿐이라는 생각에 무척이

나 외롭다. 한국으로 가고 싶다. 나를 사랑하는 사람들이 있는 한국으로 가야 해. 아파도 반드시 떨치고 일어나야 한다. 꼭! 일어나야 한다. 인간은 시련과 고통, 그리고 외로움을 통해 성장한다지만 1년 동안 여행하면서 나는 충분히 외로웠고, 아팠다. 나는 더 성장하고 있음이 분명하지만, 이제 그만 집에 가고 싶다.'

따스한 햇볕이 창으로 스며든다. 완전하진 않지만 몸을 일으켜 밖으로 나갔다. 시장 근처로 가서 이틀 만에 처음으로 식사다운 식사를 했다. 볕 좋은 시장 입구에 앉아 따스한 햇볕이 병을 쫓아내길 바라는 심정으로 한참을 멍히 앉아 있었다. 무리하지 않고 하루를 더 머문 다음 내일쯤 이동하기로 했다. 분위기를 전환하려면 새로운 곳에서 새로운 사람을 만나야 한다. 숙소로 돌아와 3일간 지긋지긋하게 누워있던 침대에 다시 몸을 눕혔다. 집에 가고 싶지만 좀 더 참아야 한다. 이렇게 나의 마지막 여정이 조금씩 다가오고 있었다.

진정 사람의 정이 무엇인지
깨닫게 해준 사람들

　마지막으로 포토시를 떠나 파라과이로 향했다. 파라과이에 가면 유명한 한국식당이 있다고들 했다. 그래서 파라과이로 향하는 버스 안에서는 김치찌개가 계속 머릿속에 아른거렸다. 저녁 늦은 시간에 도착한 것이 아닌데도, 해가 일찍 지문 탓에 주위는 이미 어두컴컴했다. 어두운데 많은 짐을 들고 이동하는 것은 위험하고 무리라 생각하여, 눈에 보이는 숙소로 일단 들어갔다. 무조건 일주일 이상 머물 거라고 하면 숙박비를 깎아주기 때문에, 일주일 정도 머물 거라고 애매하게 말을 건넸다.

　"일주일? 7만 5천 과라니(약 2만 원)."
　"더 머물 수도 있다니까요. 7만으로 해주세요."
　"뭐, 그렇게 하지."

　이런 식이다. 일단 첫날은 묵고, 당일 저녁이나 다음날 오전에 주변 숙소를 돌아다니면서 적당한 곳을 찾아 옮기면 된다. 물론 그들에겐 미안했지만 여행 중 터득한 나만의 노하우였다. 짐을 풀고 샤워를 한 다음, 한국식당 정보를 찾아 종이에 적고 최대한 가볍게 슬리퍼를 신고, 동전 주머니에 필요한 돈과 비상용 돈은 다른 곳에 숨기고, 껄렁껄렁 길을 나섰다. 만나는 사람들에게 물어물어 한국식당을 찾아갔다. 교민이 많은 것인지, 식당이 유명한 것인지는 몰라도 현지인들 대부분이 방향을 잘 알려주었다. 한국말로 인사를 건네봤다.

"안녕하세요. 식사되죠?"
"그래요. 이쪽에 들어가 앉으세요."

자리를 잡고 메뉴판을 보니, 보신탕, 오리탕, 삼겹살, 오삼불고기, 제육볶음 등등 생각만 해도 군침이 도는 한국 음식들이 가득 적혀있다.

"이모, 보신탕 한 그릇 주세요. 아참, 소주도 한 병 주시고요."

여러 밑반찬들과 함께 소주 한 병을 내온다. 그리고 이모의 질문이 이어진다.

"못 보던 학생이네. 새로 왔어요?"
"아, 네. 여행 중이에요. 한국 음식이 그리워서 일부러 찾아온 거예요."

세계여행 중인데, 콜롬비아에서부터 버스를 타고 남미로 내려왔다는 말에 이모는 혼자 이 험한 남미가 무섭지도 않았냐며 대단하다고 말했다. 곧 식사가 나왔고, 한국 음식이 그리웠던 나는 소주와 함께 음식들을 흡입하다시피 빠르게 먹었다. 이모는 많이 먹으라며 공기밥 한 공기를 더 가져다주신다. '그래, 이것이 한국 인심이지.' 식사가 대충 끝나자 이모는 다시 내게로 오셔서 이러저런 이야기를 꺼내신다.

20여 년 전에 머나먼 타지로 나와 얼마나 고생하셨는지 이모님의 이야기를 듣고, 나의 여행 이야기를 들려드렸다. 시간이 늦으면 숙소로 돌아가기 위험해질 것 같아 아쉽지만 자리에서 일어섰다. 계산을 하려는데 이모가 끝까지 돈을 받지 않으셨다. 반가워 그렇다며, 여행 이야기 들려줘서 즐거웠다고 오히려 내게 고맙다고 하신다. 나는 이모님에게 파라과이를 떠나기 전 꼭 다시 들릴 건데 그때는 돈을 꼭 받으셔야 한다고 말하고 식당을 나왔다. 식당을 나와 모퉁이를 도는데 한국에 계신 어머니가 생각이 났다.

다음날 아침 일찍부터 파라과이 시내를 둘러보았다. 다른 숙소를 찾으려다, 여기서는 더 이상 볼게 없을 것 같다는 생각에 하룻밤만 더 자고 바로 아르헨티나로 이동하려고 마음을 먹었다. 시내 곳곳을 둘러보고 숙소로 돌아와 짐을 꾸리다 이모님이 생각났다. 파라과이를 떠나기 전 들리겠다고 한 어제의 약속도 있고 해서 장수촌으로 향했다. 어제보다 이른 시간이라 아직 준비 중이셨다. 메뉴를 보고 오늘은 오리탕을 주문했다. 곧 식사가 나왔고 어제처럼 흡입하다시피 밥 두 공기를 말아 맛있게 먹었다. 식사를 마치고 계산하려고 하는데, 이모는 또 밥값을 받지 않겠다고 하신다. 우기고 우겨서 겨우 밥값을 지불했다. 정당한 지불임에도 어찌나 미안해하며 받으시던지. 오히려 내가 죄송했다.

"오늘 저녁에 뭐해?"

식비를 지불하고 숙소로 돌아가려는 내게 문득 물어보신다.

"아, 내일 아르헨티나로 넘어가려고요. 짐 싸야죠."
"그래, 오늘 내 딸하고 파라과이에 사는 한인 청년들이 모일 건데, 한 번 같이 만나볼래? 이곳에서 사는 청년들이 어떻게 살고, 어떤 생각을 하는지 이야기 나눠보는 것도 좋을 것 같은데?"

같이 어울리다 보면 밤늦게 집에 가야 해서 걱정도 됐지만 이런 기회가 흔치 않을 듯싶고, 새로운 친구도 사귈 수 있겠다 싶어 흔쾌히 대답했다.

"그런 기회가 있는데 놓치면 안 되죠!"

그날 모임은 한 친구의 생일이기도 해서 간만에 겸사

겸사 모인 것이었다. 어찌됐건 그렇게 만난 내
또래들과 술 한 잔 마시면서 금세 친해졌고,
그들은 나를 편하게 대해주었다. 그들을 통
해 교포 청년들이 어떻게 사는지 알 수 있었
다. 건진이, 성희, 병주, 황목 형님, 용성 형님,
지혜, 안젤로 형님 등 모두가 나를 따뜻하게 맞
아줬다.

　술자리 분위기가 무르익을 때쯤 한 친구가 지금 머무는 숙소에
서 나와 성당의 손님방에 들어가면 된다고 나를 붙잡았다. 오랜만
에 한국 사람들을 만나니 주체할 수 없이 기분이 업되어 당분간
기한 없이 파라과이에 머물기로 했다. 매일 아침, 저녁으로 식당으
로 초대하시는 장수촌 어머님(이모라고 부르다가 어머님으로 호칭
을 바꿨다.)과 매일 저녁 파라과이의 술집을 섭렵하며 맛있는 것을
사주는 친구들 덕에 하루하루 즐기기에 바빴다. 낮에는 이곳저곳
을 돌아다니다가 저녁에는 친구들을 만나 술을 먹었다. 너무 얻어
먹는 것만 같아 그 친구들에게 미안할 정도였다.

　한국인의 정을 이만큼 나눠 주는 곳은 세상 그 어디에도 없고,
남미를 통틀어 한국어 교육을 여기만큼 체계적으로 가르치는 곳
도 없을 거라며 파라과이 교민으로서 자부심이 가득했다. 내 눈에
도 그들은 한국에 사는 한국인들보다 대한민국과 한글에 대해 더
많은 자부심을 갖고 있는 것으로 보였다. 이틀만 머물기로 했던 것

이 너무도 좋은 친구들 때문에 무너지고 있었다. 하지만 이미 예약해둔 항공편 시간이 다가왔고, 7일째 되던 날 그곳을 떠나기로 했다. 다들 너무 아쉬워했고, 나 역시 언제 볼지 모르는 그들이 정겨웠지만 여행에서 만남은 언제나 이별을 예상해야 하기에 받아들일 수밖에 없었다.

일주일 내내 얻어먹기만 했기에 그들을 위해 무엇을 할 수 있을지 고민했다. 가난한 여행자 신분에 내가 해줄 수 있는 건, 카메라에 그들 사진을 남기는 것밖에 없었다. 그런 생각이 드니 장수촌 어머님부터 친구들까지 사진을 찍어 인화하고, 시장에서 빈 액자를 사와 액자에 사진을 넣었다. 그리고 어머님과 신부님, 그곳에 만난 친구들에게 정성스레 편지를 썼다. 떠나는 날까지 나를 버스 터미널에 데려다준 동생들에게 마지막 인사를 하고 다음 여행지를 향해 출발했다.

한국에 들어온 후, 파라과이에서 만났던 친구가 한국에 들어왔다. 그 친구가 해준 것에 비할 바는 아니었지만 왔다는 소식을 들었을 때 다른 것 다 제쳐두고 그를 만나러 갔다. 그 친구가 내게 해줬던 것처럼 나 역시 내 친구들을 소개시켜주었다. 그리고 얼마 전에는 장수촌 어머님과 딸이 한국에 왔다. 인천에서 살고 있는 나에게 의정부는 다소 먼 거리였지만, 개의치 않고 한걸음에 달려갔다. 아직도 그분들에게 갚아야 할 정이 많이 남았다. 할 수 있는 한 많은 정을 그분들에게 꼭 돌려드리고 싶다.

자연의 놀라운 힘, 이구아수폭포

만년설로 뒤덮인 히말라야와 캐리비언의 새파란 바다, 그리고 지구의 역사를 간직한 그랜드캐니언과 이 거대한 폭포 중에 가장 놀라웠던 광경이 무엇이냐고 묻는다면 이 거대한 폭포를 선택할 것 같다. 신의 놀라운 손길을 비교하는 것 자체가 큰 의미는 없지만 그만큼 이구아수폭포 Iguazu Falls는 그 장대함에 경외감마저 든다.

남미에서 더 이상 지체할 수 없었기에 이구아수폭포만 보고 이틀 뒤에 바로 브라질의 상파울루 Sao Paulo로 가야 했다. 그곳에서 하룻밤을 머물고 마지막 여행지인 독일로 향할 예정이었다. 파라과이에서 출발한 버스는 푸에르토 이구아수 Puerto Iguazu에 나를 내려주었고, 버스정류장 맞은편에 위치한 숙소에 바로 짐을 풀었다.

간만에 여행객들이 바글거리는 숙소에 자리를 잡았다. 몇몇 친구들과 인사도 나누고 첫날은 늘 그렇듯 아무것도 하지 않은 채 몇 가지 필요한 생필품만을 구입한 후 숙소에서 친구들과 이야기하면서 시간을 보냈다. 둘째 날은 아침 일찍부터 길을 나섰다. 이 번에도 투어를 이용하지 않고 길을 찾아서 가야 했기에 부지런히 움직여야 했다. 불행히도 이 많은 친구들 중에 이구아수를 들어가는 친구가 없어 언제나처럼 혼자 길을 나섰다. 그래도 이곳은 치안이 상대적으로 안정된 것 같은 느낌을 받았기에 좀 편하게 다닐 수 있었다.

입장료를 지불하고 본격적으로 둘러보려 했더니, 부슬부슬 비가 내리기 시작한다. 어차피 이구아수의 메인인 '악마의 목구멍 Garganta del Diablo'을 보려면 우비 하나쯤은 있는 것이 좋을 것 같아 겸사겸사 우비를 구입했다. 또한 젖으면 안 되는 DSLR과 방수 카메라를 단단히 대비했다. 전날 배터리도 가득 충전시켜놓고 만반의 준비를 다했으니 마음도, 발걸음도 가벼웠다. 이제 이곳이 남미에서의 마지막 여행지가 될 것이다.

세계의 3대 폭포라 불리는 이구아수폭포는 아르헨티나와 브라질을 나누는 경계선상에 위치해 있다. 그런데 아르헨티나 쪽에서 보는 것과 브라질 쪽에서 보는 것은 그 느낌의 차가 크다고 한다. 그래서 많은 여행객들은 두 나라를 오가며 이 폭포를 구경하지만 나는 시간과 금전적 여유가 없어, 파라과이 친구들의 조언대로 아르헨티나 쪽에서만 보기로 했다.

폭포의 메인이라 할 수 있는 악마의 목구멍은 가장 나중에 봐야겠다는 생각에 천천히 걸어 올라갔다. 저 멀리부터 여러 갈래로 떨어지는 물줄기들이 시야에 들어오자 감탄사가 저절로 튀어나왔다. 아직 악마의 목구멍은 보지도 않았는데 이미 이 거대한 폭포의 부분들이 나의 시선과 마음을 사로잡았다. 다시 조금 더 걸어 올라가자 저 멀리 물안개가 내린 것처럼 뿌옇게 악마의 목구멍이 보였다. 악마의 목구멍에 다가갈수록 하늘에서 내리는 빗방울인지, 폭포에서 떨어지는 물방울인지 구분할 수도 없이 하늘에는 온통 물방울들이 흩날린다.

드디어 도착한 악마의 목구멍에서는 눈도 제대로 뜨기 힘들 정도의 비바람이 쉴 새 없이 나의 우비와 얼굴을 후려쳤다. 어마어마한 힘으로 떨어지는 물줄기는 표현하기 적합한 단어를 찾기 힘들 정도로 대단했다. 또한 귓가에 울리는 폭포의 웅장한 울음소리는 나의 모든 잡념과 걱정근심을 날려버리기에 충분했다. 쏟아지는 물줄기 속에서도 멍하니 한참 동안을 폭포만 응시했다.

남미 여행은 언제나 거대한 자연과의 만남이었다. 이 거대한 폭포 앞에서 여행을 시작할 때 생각했던 자연에 대한 경외심을 다시금 되새겼다. 그러고 보면 나의 세계일주는 자연으로 시작해서 자연으로 끝나는 여행이 아닌가 싶다. 자연 앞에서 겸손해지는 법을 배우고 자연과 인간이 공생하는 법을 배우는 것이 인류에게 주어진 가장 큰 숙제라는 생각이 들었다.

숙소로 돌아와 우연히 알게 된 두 일본인과 저녁을 같이 했다. 파라과이에서 사둔 3개의 라면과 먹다 남은 소주 반병이 남미에서의 마지막 만찬이었다. 이제 여행을 시작한다는 그들에게 내가 다른 여행자들로부터 받았던 소중한 정보들을 공유해주고, 행운을 빌어주었다. 안녕, 남미! 나에게 그 어느 여행지보다 많은 것을 보고, 듣고, 느끼고, 생각하게 해준 소중한 땅.

핀란드

노르웨이

헬싱키

에스토니아

라트비아

리투아니아

덴마크

호주

벨로루시

폴란드

독일

프랑크푸르트

프라하

오스트리아

헝가리

스위스

루마니아

이탈리아

Episode 34

드디어
유럽 땅을 밟다

아시아와 오세아니아, 미주 대륙을 지나 유럽으로 왔다. 이로써 태평양을 지나 대서양까지 건너게 되었다. 여행 막바지에 유럽에 오게 된 것은 금전적으로 상당한 부담이었다. 이미 오랜 여행에 통장 잔고는 거의 바닥이 났고 수중에 지닌 현금이라 봐야 300불이 전부였다. 그럼에도 유럽행을 선택한 것은 여러 가지 이유가 있었다.

무엇보다 지구를 한 바퀴 도는 루트를 완성하고 싶었다. 비록 아프리카가 빠져 완전하진 않지만 어찌됐건 지구를 한 바퀴 돌아 다시 한국으로 돌아오는 세계일주 루트를 완성하고 싶었다. 또한 남미에서 한국으로 들어가는 항공권이나 유럽을 경유해 며칠 머물다 한국으로 들어가는 항공권 가격에는 별 차이가 없었다. 또한 마지막으로 여행하면서 만났던 많은 친구들이 대부분 유럽에 있었고, 그들에게 꼭 가겠다고 약속한 것을 지키고 싶었다.

브라질에서 선택한 유
럽 노선은 독일이었다. 독
일에는 친구 파스칼이 있
었고, 한국으로 들어가는
핀란드항공^{Finnair Plc}이 핀란드
를 경유하기 때문에 핀란드
친구 김모와 헤이디도 만날
수 있을 것이라 기대했다. 이
렇게 유럽행은 루트의 완성이
자, 여행을 정리하며 친구들

을 만날 수 있는 마지막 기회였다. 또한 한정된 비용에서 선택할
수 있는 최선의 것이었다. 며칠간 검색을 해보니 브라질에서 독일
로 가는 항공편이 가장 저렴했다. 서유럽의 파리나 영국 등은 경
비 때문에 일찌감치 포기했고, 독일은 체코와도 국경을 맞대고 있
는 인접국이라 독일과 체코를 묶어서 여행할 수도 있으려니 했다.
마침 세계 3대 축제 중의 하나인 독일 최대의 축제 옥토버페스트
^{Octoberfest}가 열리는 시기라 몇 달 전부터 파스칼이 자기가 머무는 곳
으로 와서 함께 즐기자고도 했었다.

깔끔하고 잘 정리된 건물들과 전철. 차창 밖으로 높이 솟은 빌
딩숲 사이를 지나니 정말 유럽에 와있다는 것이 실감났다. 남미에
대한 추억을 되새기며, 이곳에서 새롭게 적응할 날들을 계획하면
서 가고 있는데, 깔끔하게 차려입은 흑인이 내 앞에 앉았다.

"독일어 하세요?"

"아뇨, 영어는 가능한데..."

독일 지하철은 한국과 달리 개찰구를 통과하지 않는다. 사실 표를 끊지 않고 무임승차를 할 수도 있지만 '시민의 양심'을 유도한다. 하지만 지하철 내에는 무임승차를 단속하는 직원이 있어 개찰구만 없을 뿐이지 실제로는 표를 반드시 끊을 수밖에 없을 듯 했다. 그 흑인도 표를 검사하기 위해 내게 말을 걸었던 것이었다.

"표를 볼 수 있을까요?"

표를 내밀고 어디까지 가는지 대답했다. 그는 의례적인 일이라며 이해해달라고 말한 후 어깨를 으쓱하더니 미소를 지었다. 얼마가지 않은 것 같은데 아저씨가 프랑크푸르트^{Frankfurt}역에 도착했다며 내리라고 한다. '벌써?' 급히 짐을 챙겨 일어서며 감사 인사를 하고 내렸다. 역 바로 앞에 있다는 숙소를 향해 발걸음을 옮긴다. 유럽은 아시아나 남미처럼 현지에서 숙소를 찾기 어려울 듯하여 가장 저렴한 숙소를 미리 예약해두었는데, 그곳이 기차역 바로 앞에 위치한 곳이었다.

　　유럽뿐 아니라 아시아를 비롯한 세계 여러 국가에서 온 여행자
들로 이미 숙소는 가득 차 있었다. 배정받은 방으로 가서 짐을 풀
고 식사를 하려고 길을 나섰다. 물가가 어느 정도인지 가늠할 수
없어 주변을 천천히 둘러보기로 했다. 유럽의 주요 도시인만큼 한
국 음식뿐만 아니라 일본, 중국 음식을 비롯하여 피자, 핫도그, 스
파게티 등 다양한 음식점들이 눈에 띄었다. 저렴한 가판대에서 핫
도그를 먹어보기로 했다.

　　이곳은 소시지의 나라 독일이 아닌가. 보기에도 먹음직스런 커
다란 소시지가 들어간 핫도그를 먹으면서 천천히 주변을 둘러보았
다. 대부분의 여행자가 이야기했던 것처럼 별로 볼거리는 없는 도
시처럼 느껴졌다. 그래도 상상했던 유럽의 이미지 그대로여서 무척
새롭기도 했다. 유럽에 도착한 첫날, 그렇게 천천히, 아주 천천히
유럽의 분위기를 만끽하기로 했다.

Episode 35

마인강에서의 사색

프랑크푸르트는 잘 정리된 도시였다. 중세와 현대가 공존하는 건물들 사이를 걷는 재미가 쏠쏠했다. 프랑크푸르트 중앙역 근처에 숙소가 있어서 주요 관광지는 대부분 걸어서 다닐 수 있었다. 카메라 하나만 달랑 메고 길을 나선다. 길을 나선 지 얼마 지나지 않아 유럽의 중앙은행인 유로타워와 독일 문학의 최고봉이라 불리는 『젊은 베르테르의 슬픔』, 『파우스트』를 저술한 괴테의 생가, 그리고 괴테광장Goetheplatz을 비롯하여 프랑크푸르트 관광의 핵심이라 할 수 있는 뢰머광장Römerberg까지 둘러볼 수 있었다.

뢰머광장은 15~18세기에 지어진 건물들로 둘러싸인 광장이다. 독일어로 뢰머는 로마인을 뜻하는데 과거 로마인들이 이곳에

정착하면서 그 이름이 유래되었다고 한다. 이곳은 신성로마제국 황제가 대관식이 끝난 후 화려한 축하연을 베풀던 곳이라 하니 그 역사를 가늠해볼 수 있었다. 메인 관광지인 만큼 늘 많은 여행객들로 붐빈다.

오랜 시간 머릿속으로 상상했던 이미지와 별반 다르지 않게 중세와 현대가 공존하면서 잘 관리되고 있는 도시였지만, 여행하는 동안 이처럼 잘 어울리게 조화를 시켜놓은 곳이 있었던가 싶을 정도로 멋진 도시라는 생각이 들었다. 물론 아직 파리나 유럽의 대도시를 가보지 않았기에 상대적인 것이지만 이제 막 남미를 지나온 내게는 상당히 인상 깊었다. 남미는 스페인의 식민 문화가 일방적으로 드러난 문화였다. 이곳은 자신들의 오랜 문화가 현대적인 건물 속에 잘 어울리게 자리 잡은 느낌이었다.

독일에서 내가 머무를 수 있는 시간은 단 하루였다. 첫날 도착하고, 둘째 날 프랑크푸르트를 둘러보고, 마지막 날 체코로 향하는 일정이라 욕심을 부리지 않기로 했다. 지난 1년간 곳곳에서 지구의 다양한 모습을 보고, 듣고, 느낀 것만으로도 충분하다는 생각이 들었고, 유럽은 자금과 시간만 주어진다면 미주 대륙보다는 상대적으로 쉽게 다시 와볼 수 있을 것이라 생각했다.

계속 길을 따라 걷다 만난 작은 강 앞에서 걸음이 멈춰섰다. 라인강^{Rhein River}의 지류인 마인강^{Main River}이다. 자전거를 타고 지나가는

사람, 강을 바라보며 생각에 빠진 사람, 책을 읽는 사람, 운동을
하는 사람 등 평화로워 보였다. 한참을 걸었기에 벤치에 자리를 잡
고 앉아 잠시 쉬기로 했다. 앉아있는 벤치 주변으로 쉼 없이 비둘
기들이 날아든다. 여느 도시의 비둘기처럼, 이놈들도 사람들이 주
는 음식에 길들여진 것인지 사람 주변을 배회한다.

　여행을 하면서 보고 듣고 느낀 것들을 생각해보았다. 이 여행을
통해 얼마나 내 삶이 당당해질 수 있었는지, 자신감이 생겼는지,
여행이 끝나가는 지금 얼마나 많은 것들을 배웠는지, 얼마큼 내
삶의 주인으로 서게 됐는지 등을 되돌아보았다. 쓸쓸한 가을바람
이 부는 마인강 벤치에서의 사색은 앞으로 살아갈 미래를 계획하
고 준비하는 데 많은 도움을 주었다. 정신없이 앞만 보고 달려왔
던 여행을 정리해볼 수 있는 최적의 장소가 아니었나 싶다.

　한참의 시간이 흐르고, 마인강에 어둠이 내릴 때쯤 비가 내리기 시작했다. 날씨는 추웠고 사방은 어두워졌지만 그래도 기분은 홀가분했다. 나의 오랜 여행이야기가 정리돼가는 기쁨 때문이었을까? 평소 같았으면 뛰어서 숙소로 돌아갔겠지만, 그날은 모자를 눌러쓰고 천천히 숙소를 향해 걸었다. 불이 꺼지고 문이 닫힌 상점들 사이에 막 문을 닫으려는 가게 앞을 지나치는데 주인이 그릴에 몇 개 남지 않은 소시지를 가리키며 나를 불러 세운다.

　"가게 문 닫아야 하는데, 남은 소시지를 싸게 드릴게요."

　이미 쭈글쭈글해진 소시지였지만 주린 배를 채우기에 충분했고, 맥주 한 잔은 차가워진 몸을 데워주기에 충분했다. 비가 갠 하늘엔 유난히도 밝은 달이 무척이나 반가웠다. 마치 깨끗하게 정리된 내 마음을 보여주는 듯했다.

Episode 36

혼자서는 가지마세요,
체코 프라하

프랑크푸르트에서 기차와 버스를 갈아타고 프라하에 도착했다. 이제껏 타본 기차와 버스 중에서는 가장 시설이 좋아서 타고 오는 동안 그 안락함에 흠뻑 취해 있었다. 내리기가 싫어 다른 손님이 다 내릴 동안 앉아 있다가 가장 나중에 내린 후 예약해둔 숙소로 향했다. 숙소는 위치보다는 가격 위주로 결정했기에 큰 기대는 안 했지만, 간판도 제대로 없는 숙소를 찾아가는 거라 거리에서 한참을 헤매야 했다.

짐을 대강 풀어놓고 카메라만 얼른 챙겨서 다시 밖으로 나왔다. 프라하기차역에서 받아둔 지도를 펼쳐들고 대충 루트를 그려보았다. 오랜 여행을 통해 익힌 감각으로 오후에 돌아볼 수 있을 만큼 거리를 계산해가며 동선을 그렸다. 첫날은 무리하지 않는다는 원칙대로 천천히 거리를 걷기 시작했다. 거리에서 파는 큼지막한 핫도그와 콜라로 대충 배를 채우고 프라하시장과 그 주변부터 돌아보기 시작했다.

유럽의 3대 중세도시라 불리는 프라하^{Praha}는 세계대전 당시 도시가 파괴될 것을 우려한 국왕이 싸우기도 전에 독일에 항복함으로써 프라하를 지켜냈다는 이야기가 실감날 정도로 아름다웠다. 세계일주의 마지막 여행 도시가 된 프라하는 그렇게 내 마음을 홀딱 빼앗았다. 이 멋진 도시를 혼자서 보고 있다는 것이 너무나 안타까웠다. 한국에 계신 부모님과 나의 여행이 끝나기를 기다리는 여자 친구에게 이 멋진 곳을 보여주지 못한다는 것이 안타까웠다.

아름다운 도시 프라하는 어느 누구라도 쉽게 사랑에 빠질 정도로 매력적이고 사랑스러웠다. '연인들의 섬이라는 그리스 산토리니^{Santorini}에 갔다면 이런 기분이었을까?' 여행한 모든 곳을 통틀어 이만한 도시가 있었을까를 곰곰이 생각해봐도, 내가 간 곳들 중에서는 도저히 그 어느 곳과도 비교할 수 없었다. 프라하에서 머문 이틀 내내 온통 그 생각뿐이었다.

이 아름다운 도시를 담은 엽서 두 장을 사서 가족과 여자친구에게 편지를 썼다. 내가 느낀 것을 모든 수식어를 동원해 표현해보려고 했지만, 역시 본 것을 느낌 그대로 전달하는 것은 너무 힘든 일이었다. 내 눈앞에 펼쳐진 풍경을 표현

하기는 힘들었지만 나도 모르게 로맨틱해졌다고 해야 할까? 지금까지 느껴본 적 없는 그런 낭만에 스스로 빠져 들었다.

마치 이곳은 도로 위에 중세시대 마차가 느닷없이 나타나거나 빠끔히 열린 이층집 창문에서 피아노 연주 소리가 들리거나 혹은 검정 수도복을 입은 성직자나 아름다운 드레스를 차려입은 여인, 땀에 젖은 대장장이가 돌아다닌다 해도 조금도 이상할 게 없었다. 그런 생각을 하다 보니 어느새 나도 중세시대로 넘어와 있는 듯한 기분이었다.

프라하는 도시 전체가 박물관 같았다. 하물며 거리에 서 있는 액세서리 판매대까지 중세의 것이 아닌가 하는 착각이 들 정도로 모든 것이 내게는 과거로부터 온 것 같았다. 프라하에 빠져 걷다가 보니 첫

날 무리하지 않았던 그동안의 습성을 깨고, 어느덧 어둑해진 거리를 나는 계속 걷고 있었다. 아직 프라하성Prague Castle 근처도 가지 않았는데 벌써 반나절이 흐른 것이다. 밤 9시 무렵이 되어서야 겨우 숙소로 발걸음을 돌렸다. 돌아오는 길에 불이 켜진 프라하박물관의 멋진 야경에 다시 발걸음을 멈췄다. 많은 사람들이 이 박물관을 배경으로 사진을 찍고 있었다. 나 역시 한참을 서서 이리저리 사진을 찍은 후에야 숙소로 돌아왔다. 주어진 시간이 많지 않기에 내일은 온종일 걸어야 할 것 같은 예감에 일찍 잠을 청했다.

오전 7시, 간단하게 조식을 먹고 바로 길을 나섰다. 어제 갔던 길이 아닌 다른 길로 돌아 프라하성으로 향했다. 갈 길은 멀지만 골목골목 아름다운 건물과 도시를 구경하느라 발걸음이 점점 더디어진다. 주말이라 그런지 이웃나라에서 넘어온 사람들까지 합세되어 프라하 시내 전체가 관광객들로 꽉 차 버렸다. 골목골목 숨어있는 카페에도 이미 많은 관광객들이 자리를 잡고 앉아 커피나 맥주를 마시며 즐기고 있었다. 아름다운 도시를 구경하느라 외로움 따위는 느낄 틈이 없을 줄 알았는데 기분이 씁쓸해졌다. 어쩌면 이곳이 사랑과 낭만의 도시 프라하여서 그랬는지도 모른다.

다시 마음을 추스르고 프라하성을 향해 계속 걸어갔다. 프라하성에서 내려다본 도시는 온통 빨간색 지붕이었다. 바로 텔레비전에서 봤었던 그런 풍경이 눈앞에 펼쳐져 있었다. 수많은 관광객들은 그 붉은 지붕을 배경으로 사진 찍기에 여념이 없지만, 나는 사진

을 찍기에 앞서 성벽에 기댄 채 이 아름다운 도시를 마음속에 담았다. 지금 눈으로 보고 있는 이 멋진 장면을 몇 장의 사진으로는 담을 수 없음을 알았기 때문이었다. 이럴 때는 최대한 머릿속에 그리고 마음속에 담아두는 것이 가장 좋은 방법이라는 것을 오랜 여행을 통해 이미 터득했다.

노을이 이 도시를 붉게 물들이기 시작할 때쯤, 성에서 내려왔다. 다시 숙소로 돌아가려면 한참을 걸어야 했지만, 조금도 힘들다거나 다리가 아프지 않았다. 프라하는 반드시 사랑하는 사람과 가야 할 곳이라고 생각했다. 혼자서 오면 너무나도 사랑하는 사람을 그리워하게 되는, 완전한 사랑의 도시라 생각했다. 유난히 사랑하는 이가 그리운 날이었다. 혼자 여행하는 사람들에게 꼭 말해주고 싶다.

"혼자서는 오지마세요.
이곳 사랑의 도시 프라하에"

Episode 37

혼자 보내는
여행의 마지막 밤

뭔가 특별한 일이 생길 것만 같았다. 오늘이 여행의 마지막 날이니까. 이제 몇 시간 후면 비행기를 타고 한국으로 돌아간다. 지구를 한 바퀴 돌아 내가 사랑하는 조국과 가족들이 기다리는 품으로 돌아간다. 기나긴 세계일주를 마치고 돌아가는 이 영광스러운 날 뭔가 특별한 일이 생겨야만 한다고 생각했다. 여행의 마지막 날까지 최대한 많은 것을 머리와 가슴에 담고자 많은 시간을 보냈다. 여느 날처럼 하루 여행을 마치고 숙소로 돌아왔지만 그냥 평범한 밤을 보낼 수는 없었다. 경비가 넉넉지 않아 늘 먹고 싶어도 참아야 했던 내게 오늘만큼은 좋은 식당에서 푸짐한 식사라도 선물해주고 싶었다.

짐을 내려놓고 작은 카메라 하나와 지갑만 들고 밖으로 나왔다. 식당을 돌아보며 일단 가격부터 확인을 한다. 매일 가던 허름한 식당이 아닌 좀 분위기 있는 식당을 몇 군데 살펴보니 15유로(약 22,000원) 정도면 와인 한 잔 곁들여 식사를 할 수 있을 것 같았다. 그래 마지막 날이니까, ATM기기로 가서 마지막 잔고를 확인했다. '이런 낭패다. 겨우 10유로.' 내가 가진 돈의 전부였다. 왠지 서글펐다. 지금까지 아끼면서 1년이라는 시간을 보냈고 이곳까지 온 것만 해도 너무 자랑스러웠지만, 마지막 저녁 한 끼, 딱 한 번의 만찬을 즐길 수 없다는 것이 서글펐다. 궁상맞게 한숨만 쉬고 있을 순 없었다. 일단 박물관 앞 벤치에 앉아 생각했다.

'신용카드도 있자나? 그래도 마지막 날인데.'
'아니야, 이제 한국에 돌아가면 당장 쓸 돈도 없을 텐데, 욕심 부리지 말자.'
'휴~, 그래도 여행 마지막 날이잖아?'

그까짓 거 한 번 먹으면 되는데 뭘 이리 고민하는지. 하지만 결국 나는 만찬을 허용할 수 없었다. 남은 10유로를 모두 찾았다. 오랜 여행기간 동안 습관적으로 해왔던 행동들이 신념처럼 몸에 배이면서 한때의 기분마저도 낼 수 없게 억눌러버린 것이다. 그래도 아쉽지 않았다. 이제 한국으로 돌아가면 더 맛있는 김치찌개와 된장찌개가 나를 기다리고 있을 것이니까. 미련 없이 적당히 먹을 수 있는 것들을 찾아보다 결국 맥도날드로 향했다. 남은 돈은 숙소에 있는 친구들과 맥주라도 한 잔해야겠다고 생각했다. 그런데 숙소로 돌아왔지만 내가 머물던 방에는 한 명만 남아있었다. 토요일 저녁이라 다들 나간 것 같았다.

숙소 친구들이라도 있으면 마지막 밤을 즐겁게 이야기라도 나누면서 보낼 수 있었을 텐데, 이놈의 여행은 마지막까지 나를 혼자 있게 만든다. 그래도 한 명이라도 있으니 다행이다.

　　"오늘이 내 여행 마지막 밤이야."
　　"집에 돌아가겠네? 일본? 한국? 축하해."
　　"한국. 나는 한국에서 왔어. 너는?"
　　"난 핀란드에서 왔어."

　　핀란드, 여행 처음에 만났던 외국인 친구도 핀란드 사람이었는데 우연처럼 여행 마지막 날에도 핀란드 사람을 만났다.

　　"핀란드라. 참 친근한 나라네. 여행하면서 처음 만났던 친구들이

핀란드인이었거든."

김모와 헤이디, 그리고 마르쿠스가 떠올랐다.

"여행의 처음과 끝을 핀란드 사람들이 축하해주네. 참 특별한 인
 연인 것 같다. 하하."
"아 그래? 반가운 소리네. 여행은 얼마나 한 거야? 하루 이틀처럼
 은 안 보이는데."
"1년. 아시아에서 시작해서 오세아니아, 미주를 지나 유럽까지. 딱
 1년 됐어. 오늘이 그 여행의 마지막 날이라 무얼 하고 보낼까 생
 각하고 있었어."
"와우, 1년이라니. 대단한데? 하하. 난 이제 2주됐고 다음주면 돌
 아가. 짧은 휴가로 온 거거든."

"그렇구나, 토요일 밤인데 아무데도 안 나갔네? 맥주라도 같이 한잔 할래?"

"어…, 음… 내일 새벽에 일찍 이동해야 해서 지금 자려고… 미안하다."

"아, 그랬구나. 아냐 괜찮아. 그럼 잘 자고. 난 좀 나갔다 올게."

방을 나섰다. 무엇을 할까 잠시 고민했다. 일단 숙소 앞 슈퍼에서 맥주를 사려고 슈퍼로 향했다. 하지만 자리를 비운건지 문이 잠겨 있었다. 어째 내 여행은 마지막까지도 이렇게 외로운 것인지. 아쉬움이 남았다. 기다렸다가 맥주를 살까 하다 그냥 숙소로 돌아왔다. 휴게실에 앉아서 창밖을 바라보았다. 외진 곳에 자리한 숙소라 밖에는 돌아다니는 사람도 눈에 띄지 않는다. 뭔가 특별한 일이 생기기를 원했지만 아쉽게도 특별한 일은 일어나지 않았다. 그래 빨리 한국으로 돌아가자.

    삶은 기대하지 않았던 일에 기뻐하기도 하고, 기대했던 일에 슬퍼하기도 한다. 여행하는 동안 내가 만난 모든 인연들은 기대하지 않았지만 다가왔고, 또는 기대했지만 일어나지 않기도 했다. 결국 여행도 삶에 속한 일부분일 뿐이라는 것을 여행의 마지막 날에 깨달았다.

    여행은 책으로는 배울 수 없는 많은 교훈과 경험을 쌓아주었다. 내 눈으로, 귀로, 코로, 입으로, 그리고 가슴으로 느낀 그 모든 것들이 바로 이 책에 남겨진 모든 것들이, 새롭게 시작될 나의 삶에 나침반이 될 것이다. 나의 삶에 대한 여행은 지금부터가 진짜 시작이다.

"여행을 통해 뭐가 달라 진 것 같아? 여행 후 돌아보면 어때? 여행을 통해 무엇을 얻었어?"

많은 사람들이 세계여행을 했다고 하면 다들 놀라워한다. 그리고 마지막으로 항상 묻는 게 있었다. 여행이 나의 삶을 얼마나 변화시켰는지 너무나 궁금해 한다. 대답들은 대부분 본문에서 이야기 형식으로 정리했지만, 다시 몇 가지를 정리해본다.

자기소개서

집으로 돌아오는 비행기 안, 취업 준비생으로 돌아가 자기소개서를 써보기로 했다. 1년 동안 나만을 위한 시간, 나만을 생각해온 이 절정의 시간에 '진정한 자기소개서'를 쓸 수 있지 않을까 생각했다. 다 쓸 수 있을 거라 생각하진 않았다. 여행하는 동안 꾸준하게 나만을 고민했기에 나를 소개하는 것은 조금도 어려운 일이 아니었다. 거짓없이 꾸밈없이, 그리고 화려한 미사여구도 필요 없이 그렇게 완성하였다.

당신은 어떤 꿈을 꾸나요?

어렸을 적부터 꿈에 대해 이야기할 때면 난 늘 할 말이 별로 없었다. 남들이 어떤 가능성을 염두하고 미래에 대해 이야기할 때, 나는 늘 허황된 이야기들만 했었다. 하지만 여행을 통해 내 삶은 내가 이끌고,

내가 꿈꾸는 일은 어떻게 해야겠다는 구체적인 대답을 할 수 있게 되었다. 그리고 그 꿈처럼, 지금 나는 그 관련분야에서 일을 하고 있다.

순응하고 인정할 줄 아는 마음

세상에 내 뜻대로 되지 않는 것이 무척 많다는 것을 뼈저리게 느꼈다. 여행이 인생의 축소판이라고들 한다. 홀로 길 위에 서게 되자, 모든 걸 내 마음대로 하지 못한다는 것을 알게 되었다. 잠자는 것부터 먹는 것, 교통수단까지 많은 생각들을 모아 결정해야만 했다. 금전적인 이유로, 시간적인 문제로 양보하고 물러설 때도 많았고, 연착이나 파업 등 내가 어찌할 수 없는 예상치 못한 상황도 많았다. 이는 곧 순응할 줄 아는 마음을 배우는 시간이 되었다. 내가 선택한 결정은 누구를 탓해도 안 되고, 되돌릴 수도 없다. 내 삶은 내가 책임져야 한다. 그 모든 것들이 순응하고 인정할 줄 아는 마음에서 시작됨을 경험으로 알게 되었다.

선택에 후회는 없다

인생의 마지막 순간, 후회스런 일이 있다면 얼마나 참담할까? 세계일주를 결심할 수 있었던 이유가 바로 이것이었다. 적어도 나는 죽을 때 후회보다는 세계일주를 통해 경험한 수많은 이야기를 떠올릴 것 같아 기분이 좋다. 지금 고민하고 있는 어떤 것에 대해 나중에 후회하지 않을 자신이 있는가? 스스로에게 질문을 던져보자. 그러면 지금 당장 해야 할 일이 생길 것이다.

Thanks to...

언제나 세상에 자신감을 갖고 살도록 나를 잡아주시는 부모님과 사랑하는 누나, 매형 그리고 늘 조언과 충고를 아끼지 않는 세상이 준 가장 큰 선물이자 기쁨인 내 사랑 다비, 이렇게 책이 나오도록 도와준 미꼬씨께 먼저 감사를 표한다.

언제나 내편이 돼 주고 응원해준 우리 베스트 혁준, 인철, 우홍, 태화, 상훈이 고맙다. 그 외에 친형 못지않은 민호형과 피앙세 유진, 핏줄보다 진한 친구 환규와 종근, 그리고 언제나 멘토가 되어준 승준형과 인생 선배이자 큰 힘이 되어주는 항준형께도 고마움을 표한다.

그리고 둘째 이모님 너무 감사해요. Bill, Charlie & Kelly Thanks a lot! I love you! 장수촌 이모, 지혜, 건진어, 성희, 용성형님, 황목형님, 병주, 병운 그리고 신부님께 진심으로 감사드립니다. 그리고 마지막으로, 인생에 큰 멘토가 되어준 호주의 심충용 사장님과 심은미 실장님, 준의형님과 형수님...

마지막으로 제가 자리를 지키지 못한 외할머니와 작은 아버지. 하늘에서 저 늘 지켜주시고 돌봐주신 거 감사드립니다. 사랑합니다. 모두들 감사합니다!